Walter Thun, Hüter, Öl, 1982, 68 x 98 cm

Dies ist eine ähnliche Betrachtungsweise, aber doch aus einem anderen Zustand des Betrachters, im Vergleich zur Darstellung in den Maria Thun Aussaattagen des vorigen Jahres entstanden und so wurde zumindest innerlich aus dem „Hüter" ein „Behüter" des hinter uns liegenden Erdenentwicklungszeitraumes.

Die Abbildung auf Seite 5 steht als Reproduktion in der Größe 35 x 50 cm zur Verfügung.

Einleitung

Sie, verehrte Leser, halten mit diesen Maria Thun®-Aussaattagen die 52. Auflage in Händen. Für dieses Jahr haben wir uns zu einigen „Neuerungen" entschlossen, die auf wiederholte Wünsche der Leser aufgenommen wurden.

So haben wir die Sommerzeit, Ende März bis Ende Oktober, im Kalendarium bei den Berechnungen und Darstellungen mit einbezogen. Sie müssen also nicht mehr vom Beginn bis zur Beendigung der Sommerzeit (MESZ) eine Stunde hinzurechnen, sondern können sich ganz nach den angegebenen Zeiten richten. Sicher, im Unterbewussten ist es wohl nicht falsch, die tatsächliche kosmische Zeit im Kopf zu behalten.

Weiterhin weisen wir auf den Monatsseiten des Kalendariums darauf hin, dass unsere Daten sich auf astronomische und nicht astrologische Berechnungen, sowie den Ergebnissen der Konstellationsforschung stützen. Die astronomischen Daten gehen auf die tatsächlichen Größen der Sternbilder und der Bewegungen der Planeten und Wandelsterne zurück, so wie wir sie zumindest am Nachthimmel auch beobachten können. Bei den astrologischen Daten haben wir es mit Tierkreiszeichen zu tun, in gleiche 30° Größen eingeteilt, die aber mit dem tatsächlichen Geschehen der sichtbaren Sterne am Himmel nicht mehr allzu viel zu tun haben. Da sich die astronomische und die astrologische Einteilung teilweise überschneiden, eine Darstellung dazu finden sie auf der Seite 13 der Maria Thun®-Aussaattage, sind manche Leser verunsichert, wenn sie zur „Kontrolle" andere „Mondkalender" hinzuziehen und diese Unterschiede dann feststellen.

Des weiteren haben wir erstmals einige Berichte von in- und ausländischen Aussaattagenutzern bekommen, die wir Ihnen gerne in dieser Ausgabe vorstellen möchten. So haben Sie die Möglichkeit mit zu erleben, dass die kosmischen Rhythmen, über deren Wirkung auf das Pflanzenwachstum wir immer wieder berichten sich nicht nur an dem Standort Dexbach orientieren, sondern weltweit zur Wirkung kommen. Die Berichte stammen in diesem Jahr allerdings nur aus dem europäischen Raum bis hin nach Ägypten. Wir hoffen jedoch für die Maria Thun®-Aussaattagen 2015 auch noch Beiträge aus Übersee zu bekommen.

So haben wir in dieser Ausgabe Berichte aus der Medizin, dem Gartenbau, der Landwirtschaft mit Forschungsergebnissen und dem Weinbau. Den Autoren sei für diese Unterstützung an dieser Stelle herzlichst gedankt.

Auch wenn sich der Textteil in diesem Jahr im Vergleich zu den vergangenen Jahren teilweise geändert hat, finden Sie das Kalendarium in altbekannter Form wieder vor.

Wir wünschen Ihnen den besten Erfolg mit den diesjährigen Maria Thun® Aussaattagen und viel Freude beim Lesen der interessanten Berichte.

Dexbach, im Juni 2013   Für die Herausgeber Matthias K. Thun

AUSSAATTAGE 2014

MIT PFLANZ-, HACK-
UND ERNTEZEITEN
UND GÜNSTIGEN
ARBEITSTAGEN FÜR
DEN IMKER 2014

AUS DER KONSTELLATIOSFORSCHUNG
ERARBEITET UND ZUSAMMENGESTELLT
M\TTHIAS K. THUN UND
CHRISTINA SCHMIDT RÜDT

Herausgabe:
Matthias K. Thun · Christina Schmidt-Rüdt

Dr. Nicolai Schmidt-Rüdt hat anhand öffentlich zugängiger Ephemeriden
die astronomischen Grunddaten errechnet.

ISBN 978-3-928636-55-1

© Aussaattage-Verlag Thun & Schmidt-Rüdt GbR
D-35216 Biedenkopf/Lahn, Rainfeldstraße 16
Printed in Germany
Jahrgang 52

Aus dem Inhalt

Hüter

Walter Thun

Wie fast alle kreativen Maler im Leben verschiedene Lebensphasen durchlaufen, in denen sie nicht nur den Malstil, sondern auch die Thematik einen Wandel durchläuft, kann man auch im Leben Walter Thuns diese Beobachtung machen.

Walter Thun hatte sich auf der Kunstschule in Erfurt ganz der Kirchenmalerei gewidmet. Er war davon begeistert, seine Ideen und Vorstellungen im Künstlerischen auf großen Wandflächen darzustellen, was ihm damals auch bis zum Ende der 1930er Jahre auf der „Wanderschaft" gerade im Kölner Raum gelang.

Durch die Kriegswirren kam er als Soldat immer wieder in andere Landschaften und entwickelte ein großes Interesse an der Landschaftsmalerei.

Nachdem er durch seinen Schwager, Peter Mayer, mit der Anthroposophie in Verbindung gekommen war, wurde es ihm möglich, die Betrachtungsweise in sofern zu verfeinern, dass er zum Beispiel einen Felsen oder Baum nicht nur als Solchen sah. Er begann dasjenige, was er betrachtete so zu sehen und dann auch zu malen, dass sein Erleben dieser Situation sich im Bild wiederspiegelte.

In seinem letzten Lebensabschnitt hatte sich Walter Thun sehr intensiv mit der Evolution Rudolf Steiners auseinander gesetzt. Zu dieser Thematik hatte er in seiner Frau, Maria Thun, den besten Gesprächspartner. Sie hatte sich auf diesem Gebiet sehr viel erarbeitet und konnte so zu ausgesprochen fruchtbaren Gesprächen beitragen.

So entstand eine ganze Folge Bilder, die sich mit den Evolutionsvorstellungen, Beobachtungen und Erfahrungen befassten. Es gelang Walter Thun, so wie es ihm seine gewonnene Erkenntnis zu ließ, zwei thematisch ähnliche, aber doch separate Themengruppen darzustellen. Auf der einen Seite befasste er sich verstärkt mit der Menschenentwicklung, was sich auch ganz deutlich in der Darstellung zeigte. Ein Beispiel dafür hatten wir im Jahr 2013 als Titelbild „Steg zum anderen Ufer"

Im diesjährigen Titelbild „Hüter" finden wir zwar auch die menschlichen Geistgestalten aber auch Dasjenige, was er beim Betrachten von Felsgestein erlebt und wahrgenommen hatte.

Es war ihm immer wichtig, seine Bilder nicht in einen Namen „einzuzwängen". Er fand es für den einzelnen Betrachter viel fruchtbarer, wenn dieser sein eigenes Erleben, dass beim Betrachten der Bilder entstand in sich aufzunehmen und zu verarbeiten. Nun könnte man aus dem Bildnamen „Hüter" auch „Behüter" formen, ganz nach dem Zustand und dem Fantasiestadium, in dem man sich beim Beobachtungszeitpunkt befindet.

So kann man dieses Bild der anderen Themengruppe zuordnen, in der der Mensch zwar angedeutet ist, jedoch einen weiteren Teil der Weltenentwicklung mit beinhaltet.

Bleibt der Betrachter in dem Raum, in dem er sich äußerlich beim Betrachten befindet, hält er sich in der Vergangenheit bis hin in die Gegenwart bezüglich der Erden-Menschheitsentwicklung auf. Dieses Zeitgeschehen und Erlebnis wird von in den Fels manifestierten und dargestellten Gesteinswesen und deren Blickrichtung zu einer Art abgegrenztem Raum. Er wird durch den in sonniger Helligkeit erscheinendem Hintergrund, dem sich die menschlichen Gestalten mit ihrer Blickrichtung zuwenden in die Zukunft übergeleitet.

Fortsetzung Seite 6

Erfahrungen tschechischer Hausgärtner und Anbauer

Die Aussaattage bestelle ich seit vielen (mindestens seit sieben, vielleicht aber schon seit neun) Jahren. Da ich daran aufgrund einer Empfehlung meiner Bekannten vertraue, folge ich einfach wie nur möglich den darin enthaltenen Instruktionen. Ich hatte meinen Garten am Wochenendhaus, wo wir immer zum Wochenende hinfuhren, so war es nicht immer möglich, die Empfehlungen bezüglich Aussaat und Pflanzen ganz ideal einzuhalten. Immer habe ich mich jedoch bemüht, wenigstens die Tage der Aussaat und des Baumschnitts zu respektieren.

Jetzt wohne ich schon seit fünf Jahren in einem Haus mit Garten und das Einhalten der Wirkungen einzelner Planeten ist für mich somit viel einfacher. Da ich ein kleines Kind habe, kann ich mich nicht nur dem Wetter und den Aussaattagen, sondern muss mich auch um meine Tochter kümmern. Wenn's nicht geht, muss der Garten einfach warten...

Einmal machte ich ganz bewusst einen kleinen Versuch. Ich baute im Garten Blumen zum Trocknen an und schnitt sie über die ganze Woche hin. Ich hängte sie in kleinen Gruppen der Reihe nach an einer Schnur auf, damit ich rückverfolgen konnte, welche Blumen ich am ersten und welche etwa am fünften Tag aufgehängt hatte. Die Blumen an Blütentagen geschnitten waren eindeutig die besten und sie hielten sich immer am längsten. Einen Unterschied habe ich erwartet, doch nicht so einen markanten. Auch die waren nicht schlecht, die ich an den Fruchttagen geschnitten habe, aber die von den Wurzeltagen schrumpften beim Trocknen und die Ränder wurden braun und ich habe sie in das Trockengebinde gar nicht verwenden können.

Das war also mein kleines Experiment, das zeigte, dass es wirklich so funktioniert, wie Sie schreiben.
Silvie Siblíková

* * *

Wir haben unseren Garten in der geographischen Mitte Tschechiens. Alles im Garten mache ich nach den Aussaattagen und alles ist dann gut. In den Fruchttagen sind auch die Kolatsche (Kuchen) und das Gebäck besser. Ich halte die Tage für Aussaat, Obsternte und Einlagerung ein (ich wähle immer Fruchttage für Einkellerung von Äpfeln und Gemüse). Ich arbeite nach den Aussaattagen ganz sicher schon seit 14 Jahren. Ein Jahr ließ ich es aus in der Meinung, dass ich die Termine abschätzen kann, aber die Kohlrabi und Radieschen, sind einfach nichts geworden.
M.K., Böhmisch-Mährische Anhöhe

* * *

Ich wohne auf dem Lande und arbeite nach den Aussaattagen schon seit 2004, wo ich meinen Gemüsegarten quasi auf einem „Mondgefilde" anlegte (ein etwa seit 20 Jahren nicht gepflegtes, großes Erdbeerbeet), in das man nicht einmal den Spaten einstecken konnte. Mehrere Jahre nacheinander kamen dann „Plagen" in Form von Erdflöhen, Schnecken, Kohlweißling-Raupen, wo während weniger Tage die Arbeit von mehreren Monaten vernichtet wurde. Ich hielt durch...

Ich würde sagen, dass seit einigen Jahren alles fast von selbst wächst, besonders das Wurzelgemüse ist ausgezeichnet. Die Aussaattage benutze ich auch noch für andere Zwecke – zum Zahnarzt und zur Friseuse bestelle ich mich ausschließlich an den Fruchttagen, Einmachen von Ost oder Einfrieren von Gemüse, Backen vom Weihnachtsgebäck auch in Fruchttagen. Nicht, dass die anderen Tage schlecht wären, aber der Geschmack und die Qualität sind unvergleichlich besser.

Ich bin froh, dass ich vor Jahren angefangen habe, auch wenn es nicht einfach war. Es hat sich vielfach gelohnt.

Helena Hájková

* * *

Meine Erfahrungen mit den Aussaattagen sind wirklich sehr gut. Nach den Empfehlungen der Aussaattage richte ich mich das dritte Jahr und die Ergebnisse sind ausgezeichnet. Die Empfehlungen wende ich vor allem beim Gemüseanbau im Garten an. Zuerst war ich zu der ganzen Sache ziemlich skeptisch, aber die Ergebnisse übertrafen meine Erwartungen. Jedesmal, wenn zu uns Freunde kommen, gehen sie als erstes den Garten ansehen und bewundern unsere Ernte und den Zustand der Pflanzen. Einige äußerten Interesse an den Aussaattagen. Ich habe gute Erfahrungen mit der Regulierung der Schnecken und Fliegen. Dieses Jahr konzentriere ich mich auf das Gebiet der Obstbäume. Ich hoffe auf gute Ergebnisse.

Jan Kantor, Bohumín

* * *

Ich würde gerne meine Erfahrungen teilen, doch nach den Aussaattagen habe ich das vorige Jahr das erste Mal Gemüse im Garten angebaut, so dass ich mir nicht sicher bin, ob dies ausreichend ist. Ich war jedoch zufrieden und habe sie auch für dieses Jahr bestellt. Im Garten – der das erste Jahr bestellt wurde – baute ich die meisten der üblichen Früchte an (Tomaten, Paprika, Salat, Kartoffeln, Gurken, Wurzel- und Kohlgemüse) exakt nach den Aussaattagen. Trotz der nicht allzu idealen Verhältnisse (520 m Meereshöhe, eher steiniger Boden, ungeschützter Standort) nicht nur, dass die meisten Pflanzen gut gediehen, sondern ich hatte auch eine über die Erwartungen gute Ernte. Der Garten wird nur mit Kompost gedüngt, wir wenden keine Spritzungen an, mit Ausnahme von Brennnessel- und Zwiebelauszug.

Nach den Aussaattagen habe ich noch im Sommer einige Stauden in Vollblüte umgepflanzt. Alle haben das Umpflanzen ohne jeglichen Schaden überlebt (keine Blüte ist verwelkt, und bereits nach zwei Tagen war überhaupt nicht zu erkennen, dass die Pflanze umgepflanzt wurde) und bis in den Herbst schön geblüht.

Katefiina Svozilová

* * *

Ich schreibe Ihnen gerne ein paar Worte über meine Erfahrungen mit dem Aussaatkalender. Ich arbeite damit seit mehreren Jahren, leider nur unregelmäßig und unsystematisch, weil ich bisher nicht die nötige Zeit dazu hatte. Ich säe danach, mache Stecklinge, ernte und schneide den Weihnachtsbaum im Garten, in der letzten Zeit wähle ich danach sogar auch den Urlaub (und bisher erfolgreich). Entscheidend war für mich die

erste Arbeit mit dem Kalender. Wir haben unsere neue Wohnung vorbereitet und dann den Ziergarten. Ich habe von allen Pflanzen wie wild Stecklinge gemacht, hatte damit Erfahrungen schon seit meiner Jugendzeit, wo ich Rosen vermehrte. Ich wusste, dass ich meistens 50 Prozent der Stecklinge abschreibe, sie wachsen nicht an. Meine erste Arbeit nach Ihrem Kalender bedeutete für mich einen Schock, ich traute mir sogar nicht, meinen Bekannten die wahre Zahl zu sagen, damit sie es nicht für unwahr halten: 100 Prozent aller Stecklinge! Ich mache bis heute jedes Jahr erfolgreich Stecklinge von schwarzen Johannisbeeren, die ich dann unter der Familie und Bekannten verschenke, weil die alle anwachsen. Daher komme ich ohne Kalender nicht mehr aus, ich halte mich daran auf Biegen und Brechen bei allen Gartenarbeiten und es macht mir eine Freude.
Ludmila Slavíková

*   *   *

Ich habe die Aussaattage schon seit 2003. In den letzten Jahren halte ich mich danach schon regelmäßig. Ich weiß nicht, ob es eine Gewöhnung ist, aber ohne die Aussaattage säe und ernte ich gar nicht mehr.
1) Samen von Kohl und Wirsing für die Anzucht im Glashaus säe ich grundsätzlich an Blatttagen. Wenn es nicht klappt, dann an Fruchttagen. Ich habe immer schöne, starke Anzucht. Beim setzen ins Freiland richte ich mich wegen einem besseren Anwachsen der Setzlinge nach dem absteigenden Mond. Die wachsen dann schnell an und ich habe gewöhnlich eine sehr gute Ernte.
2) Tomaten gebe ich zum Aufkeimen wiederum an den Fruchttagen, Umtopfen wieder an den Fruchttagen, ins Freiland wieder Fruchttage, Mond absteigend – wenn es das Wetter erlaubt. Ich will mich nicht rühmen, aber meine Tomaten sind sowas von herrlich – noch lange, bis es friert. Klar hängt es auch vom Bewässern, Ausgeizen etc. ab.
3) Die größte Wirkung beobachte ich jedoch beim Ernten von Obst und Gemüse! Wenn wir Äpfel nach den Aussaattagen ernten – Fruchttage, aufsteigender Mond – sind sie saftig und faulen nicht (wir haben jedoch einen guten Keller)
4) Auch bei der Ernte von Futterrüben nach den Aussaattagen – Wurzel-, eventuell Fruchttage, vor allem aber absteigender Mond und hauptsächlich nach dem Regen – halten sich die Rüben lange (vielleicht ist es wieder durch den guten, feuchten Keller, obwohl früher faulten uns die Rüben viel mehr).
5) Auch Möhren, Wurzelpetersilie, Zwiebeln – Aussaat an Wurzeltagen, Ernte wieder an Wurzeltagen. Das Gemüse fault nicht, Zwiebeln aufgehängt in Bündeln halten sich lange und auch im Frühjahr treiben sie nicht so sehr.
6) Gurken säe ich an Fruchttagen – immer eine gute Ernte.
7) Kartoffeln stecken wir grundsätzlich an Wurzeltagen und ernten sie auch an Wurzeltagen (wenn es das Wetter erlaubt), sind bis in den Spätfrühling wie frisch geerntet.
8) Für Kopfsalat nutze ich Blatttage, Blumen säe ich an Blütentagen – bewährt – schöne Köpfe und schön blühende Blumen.
Zum Schluss würde ich sagen – säen und ernten nach den Aussaattagen, sich nach den richtigen Tagen richten: Frucht, Wurzel, Blatt und Blüte.
Vlasta Dohnalová

*   *   *

Besten Dank für die reichhaltigen Texte. Leider reicht der Platz nicht aus und so konnten wir nicht alle Beiträge berücksichtigen..

Einleitung für neue Leser der „Maria Thun®-Aussaattage"

Seit nunmehr 60 Jahren machen wir Versuche in der Fragestellung der Wirkung kosmischer Rhythmen und Konstellationen in der Landwirtschaft, Gärtnerei und in spezieller Weise auch im Leben der Bienen.

Die Ergebnisse dieser Forschung geben die Grundlage für die Empfehlungen in den jährlich erscheinenden „Maria Thun®-Aussaattagen". Da wir nicht alle neuen Erkenntnisse in dieser kleinen Schrift bringen können, haben wir verschiedene Bücher geschrieben, mit denen wir den Leser auf den Seiten 64/65 bekannt machen.

Über wichtige Schritte innerhalb dieser langen Zeit wollen wir sie kurz informieren. Ausführlich finden Sie die Ergebnisse in den erwähnten Schriften beschrieben.

Bei Radiesaussaaten, die im Frühjahr 1952 über zehn Tage hinweg vorgenommen wurden, fand ich erhebliche Unterschiede im Wachstum der Pflanzen. Das regte mich an, unter gleichen Bedingungen über viele Wochen hinweg Radieschen auszusäen.

Da ich die Unterschiede nicht erklären konnte und den im Wachstum wirkenden Impuls nicht kannte, setzte ich die Arbeit im nächsten Jahr fort. Ich vermutete, dass die Unterschiede durch kosmische Rhythmen hervorgerufen wurden. So begann ich, mich mit Astronomie zu befassen.

Nach einigen Jahren wusste ich, dass die Unterschiede dann zustande kamen, wenn ich Bodenbearbeitung und Aussaat am gleichen Tag machte. Wenn ich ein großes Beet von etwa zehn Metern Länge saatfertig hatte und über Wochen täglich eine Reihe Radiessamen hinein legte, waren die Unterschiede bei den Pflanzen weit kleiner, als wenn ich täglich den Boden neu bearbeitete und dann säte.

Die Blätter zeigten beachtliche Unterschiede in der Form. Wenn ich aber in Trockenzeiten die Pflanzen bewässerte, waren alle Blätter, die neu wuchsen, einheitlich. Das waren zwei grundlegende Erfahrungen, die zu berücksichtigen waren, wenn ich zu den Hintergründen der Ergebnisse vordringen wollte.

Nach neun Jahren konnte ich die ersten Ergebnisse veröffentlichen. Inzwischen wusste ich Folgendes: Wenn ich den Boden spatentief bearbeitete, wurden kosmische Impulse im Boden aktiviert, die von den Samen aufgegriffen wurden und in der Gestaltung der Pflanze zum Ausdruck kamen. Sie gingen aus von den Sternbildern des Tierkreises und wurden vom Mond auf die Erde vermittelt. Er benutzte die klassischen Elemente Erde, Wasser, Luft/Licht und Wärme für seine Wirksamkeit. Da aber diese Elemente ihren Ursprung in den Sternbildern des Tierkreises haben, können bei Vorbeigang des Mondes an den entsprechenden Sternbildern über den Zeitpunkt der Aussaat unterschiedliche Impulse in der Pflanze zur Wirksamkeit kommen.

Im Laufe der Jahre fanden wir neue kosmische Wirksamkeiten. Sie gingen von den Wandelsternen, also den Planeten aus und differenzierten ebenfalls das Pflanzenwachstum.

Nun gab es neben den für die Pflanze günstigen kosmischen Impulsen auch ungünstige Saatzeiten. Als Folge traten während des Wachstums Schädlinge auf oder die Pflanzen entwickelten Samen, die nicht keimfähig waren.

Auch erkannten wir, dass das Spritzen der biologisch-dynamischen Präparate nur unter günstigen kosmischen Bedingungen das Wachstum der Pflanzen förderte, zu ungünstigen Zeiten angewandt aber hemmend und qualitätsmindernd wirkte.

So stellen wir in den „Maria Thun®-Aussaattagen" die Empfehlungen für die Aussaat, die Pflege und Hackarbeiten sowie die Präparateanwendung und Ernte in die günstigen Gesetzmäßigkeiten des kosmischen Umkreises und können dann mit guten Erträgen und bester Nahrungsqualität der Pflanzen rechnen.

Was sind Oppositionen, Trigone oder Konjunktionen?
Die Opposition ☍

Während geozentrischer Oppositionen steht der Betrachter auf der Erde und im kosmischen Umkreis stehen sich zwei Planeten in einem Winkel von 180° gegenüber. Sie schauen sich an, ihr Blick durchdringt sich. Ihre Strahlen fallen auf die Erde und regen die Samen, die jetzt gesät werden, zu besserem Wachstum an. Bei den Versuchen haben wir von diesen Aussaaten besonders hohe Erträge mit bester Qualität.

Zu heliozentrischen Oppositionen müsste der Betrachter eigentlich auf der Sonne stehen, aber da dies nicht möglich ist, muss versucht werden, ein Verständnis im Denken zu finden. Jetzt ist die Sonne Mittelpunkt und in ihrem Umkreis stehen zwei Planeten in einem Winkel von 180°. Sie schauen sich ebenfalls an. Ihre Strahlungen werden aber auch von der Erde und der Pflanzenwelt wahrgenommen und befeuern die Pflanzen zu besserem Wachstum.

In der Opposition wirken immer zwei Sternbilder des Tierkreises positiv mit. Steht dabei ein Planet vor einem Wärmebild, ist der andere vor einem Lichtbild oder umgekehrt. Steht der eine Planet vor einem wässrigen Bild, befindet sich der andere vor einem Bild des Erdenelementes. In der Wetterbildung registrieren wir ein „Hoch", das auch die Menschen positiv beeinflusst.

Das Trigon △

Im Trigon haben wir die Stellung von zwei Planeten in einem Winkel von 120°. Zwei Planeten stehen vor dem gleichen Kräftetrigon, aber vor unterschiedlichen Sternbildern, zum Beispiel vor Widder und Löwe. Beides sind Wärmesternbilder. Wir haben ein Wärmetrigon, das bei Pflanzen, die an diesem Tag gesät werden, eine gesteigerte Wirkung der Frucht- und Samenbildung mit sich bringt.

Stehen zwei Planeten vor wässrigen Sternbildern im Trigon, wird das wässrige Element gesteigert, das zeigt meist höhere Niederschläge. Die Pflanzen, die wir dann säen, bringen höhere Blatterträge als von den Nachbartagen.

Diese Trigonwirkungen können das Wachstum der Pflanzen verändern.

Konjunktionen und Konjunktionshäufungen ☌

In der Konjunktion oder bei Konjunktionshäufungen stehen zwei oder mehrere Planeten hintereinander in der Richtung zum Weltall. Meist kommt dann nur der, welcher der Erde am nächsten steht, mit seinen Kräften auf der Erde und für die Pflanzenwelt zur Wirksamkeit. Ist er in seiner Kräftewirkung stärker als der siderische Mond dieses Tages, gibt es kosmische Unstimmigkeiten, die die Pflanze irritieren und sich in Wachstumshemmungen auswirken. Die nachteilige Wirkung wird noch gesteigert, wenn der Mond oder ein Planet den anderen bedeckt, dann sprechen wir von einer Finsternis (☍). Diese Aussaatzeit behindert das reguläre spätere Wachstum der Pflanze und schädigt ihre Regenerationskraft.

Saatzeiten für Bäume und Sträucher 2014

01.01.	Apfel, Buche, Erle
05.01.	Apfel, Buche, Esche, Marone
31.01.	Ahorn, Apfel, Buche, Marone
08.04.	Eibe, Eiche, Esche, Fichte, Hasel, Tanne, Kiefer, Rosskastanie
16.04.	Erle, Eibe, Eiche, Kirsche
21.04.	Apfel, Ahorn, Buche, Marone
23.04.	Kirsche, Marone, Rosskastanie
03.05.	Kiefer, Ulme, Thuja, Wacholder
10.05.	Pflaume, Esche, Fichte, Hasel, Hainbuche, Tanne, Zeder, Thuja, Zwetsche
11.05.	Birne, Birke, Eiche, Eibe
13.06.	Birne, Birke, Linde, Robinie, Weide
25.06.	Eibe, Eiche, Marone, Rosskastanie, Kirsche
04.07.	Esche, Fichte, Hasel, Tanne, Zeder
22.07.	Birne, Buche, Linde
28.07.	Birne, Birke
19.08.	Erle, Lärche, Linde, Ulme
29.08.	Esche, Fichte, Hasel, Tanne, Zeder
10.09.	Birne, Birke
13.09.	Linde, Lärche
07.10.	Esche, Fichte, Hasel, Tanne, Zeder
11.10.	Birne, Birke, Linde, Robinie, Weide

Für nicht genannte Bäume und Sträucher gibt es in diesem Jahr keine besonderen Saatzeiten. Hier kann man den Fruchtungstyp des Baumes oder Strauches berücksichtigen und zu den entsprechenden Mond-Tierkreis-Zeiten aussäen.

Der Tierkreis

Wurzel
Blatt
Blüte
Same
Frucht

Walter Thun

Diese Abbildung zeigt im äußeren Kreis die Abmessungen der am Himmel sichtbaren Sternbilder mit dem jeweiligen Übergang der Sonne vor das nächste Sternbild. Die Übergänge schwanken zum Teil, hervorgerufen durch die Schalttage, um einen Tag. Der innere Kreis hat die alte 30°-Einteilung in zwölf gleiche Abschnitte aus der Astrologie.

Der Tierkreis ist das Sternbildband, vor dem der Mond und alle Wandelsterne ihre Bahnen ziehen. Im Vorbeigang werden Kräfte angeregt, die auf der Erde eine Auswirkung zeigen.

Die Trigone

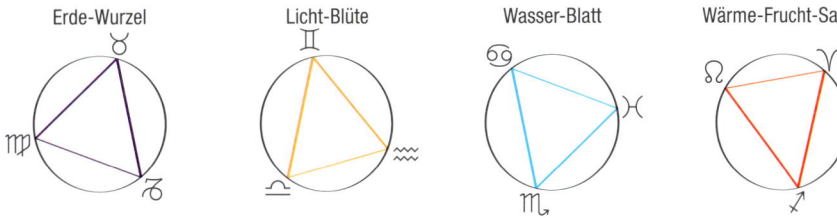

Erde-Wurzel   Licht-Blüte   Wasser-Blatt   Wärme-Frucht-Same

Bei 120°-Stellungen sprechen wir von Trigonen. Der Mond kommt etwa alle neun Tage vor ein gleiches Kräftetrigon, so regen wir über Hackarbeiten oder Kieselspritzungen, die wir im Trigonrhythmus durchführen, den Impuls des Saattages neu an.

Der siderische Mond

Der Mond zieht bei seinem 27-tägigen Umlauf um die Erde an den zwölf Regionen des Tierkreises vorbei und vermittelt Kräfte auf die Erde, die sich über die klassischen Elemente aussprechen. Sie bewirken in der Pflanze Fruchtung in vier verschiedenen Organbereichen. Über den Zeitpunkt von Aussaat, Pflegearbeiten und Ernte können wir Wachstum und Gesundheit der Pflanze fördern.

In verwandter Weise wirken diese Kräfte im Bienenvolk. Das Bienenvolk schließt sich in Korb oder Kasten nach außen ab, indem es mit Kittharz alles abdichtet. Öffnen wir nun die Bienenbehausung, um Pflegemaßnahmen durchzuführen, entsteht im Bienenvolk ein gewisses „Durcheinander". In diese Unruhe hinein kann ein neuer kosmischer Impuls wirken, wegweisend für die Bienen bis zur nächsten Pflegearbeit.

Fassen wir die Gesetzmäßigkeiten, wie sie sich uns bei den Pflanzenversuchen, in der Bienenpflege und in der Wetterbeobachtung ergaben, in einem Schema zusammen:

Sternbild	Zeichen	Element	Kleinklima	Pflanze	Biene
Fische	♓	Wasser	wässrig	Blatt	Honigpflege
Widder	♈	Wärme	warm	Frucht	Nektartracht
Stier	♉	Erde	kühl/kalt	Wurzelfr.	Wabenbau
Zwillinge	♊	Licht	luftig/hell	Blüte	Pollentracht
Krebs	♋	Wasser	wässrig	Blatt	Honigpflege
Löwe	♌	Wärme	warm	Frucht	Nektartracht
Jungfrau	♍	Erde	kühl/kalt	Wurzelfr.	Wabenbau
Waage	♎	Licht	luftig/hell	Blüte	Pollentracht
Skorpion	♏	Wasser	wässrig	Blatt	Honigpflege
Schütze	♐	Wärme	warm	Frucht	Nektartracht
Steinbock	♑	Erde	kühl/kalt	Wurzelfr.	Wabenbau
Wassermann	♒	Licht	luftig/hell	Blüte	Pollentracht

Die Einzelimpulse schwanken zwischen zwei und vier Tagen. Dieses Grundgerüst wird zuweilen unterbrochen. So können z.B. Planetenoppositionen einzelne Tage durch verändernde Impulse überlagern oder Trigonstellungen ein anderes Element aktivieren, als es der Mond an diesem Tag vermittelt. Auch Tage, an denen der Mond die Ekliptik auf- oder absteigend schneidet (☊☋), bringen meist negative Wirkungen, die noch gesteigert werden, wenn zwei Wandler sich an den Schnittpunkten ihrer Bahnen, die Knoten genannt werden, treffen. In solchen Fällen entstehen Finsternisse oder Bedeckungen, wobei von dem erdnäheren Wandler die Wirkung des erdferneren unterbrochen oder verändert wird. Solche Zeiten sind ungeeignet für Saat und Ernte.

Zuordnungen der Pflanzen für Aussaat, Pflege und Ernte

Die Kulturpflanze lebt sich dar, indem sie einzelne Organe zur Frucht entwickelt. Wir können sie nach unseren Versuchserfahrungen in vier Gruppen einteilen.

Wurzelfrüchte zu Wurzeltagen

Fruchtbildung im Wurzelbereich finden wir bei Radieschen, Rettich, Kohlrübe, Zuckerrübe, Rote Bete, Sellerie, Möhre, Schwarzwurzel udgl. Auch Kartoffeln und Zwiebeln sind hier einzuordnen. Diese Tage bringen gute Erträge und beste Lagerqualität des Erntegutes.

Blattpflanzen zu Blatttagen

Fruchtbildung im Blattbereich haben wir bei fast allen Kohlarten, bei Salaten, Spinat, Rapunzel, Endivien, Petersilie, bei Blattkräutern und Futterpflanzen. Der Spargel gedeiht am besten bei Blatttagepflanzung und -pflege. Die Blatttage sind für Aussaat und Pflege dieser Pflanzen günstig, jedoch nicht für die Ernte von Lagerfrüchten und Tees. Für diese Bestimmungen wie auch die Ernte von Kohl für Sauerkrautherstellung sind die Blüten- und Fruchttage vorzuziehen.

Blütenpflanzen zu Blütentagen

Diese Tage sind günstig für Aussaat und Pflege von allen Blütenpflanzen, aber auch zum Hacken und der Kieselanwendung bei Ölfrüchten wie Lein, Raps, Sonnenblume udgl. Wenn man Blumen für die Vase an Blütentagen schneidet, ist der Duft am intensivsten, sie bleiben lange frisch und die Restpflanzen bringen viele neue Seitentriebe. Trockenblumen, an Blütentagen geerntet, behalten die volle Leuchtkraft der Farben, von anderen Erntetagen werden sie bald unfärbig. Ölfrüchte erntet man am vorteilhaftesten an Blütentagen. Auch Brokkoli hat sich für die Blütentage entschieden.

Fruchtpflanzen zu Fruchttagen

Zu dieser Kategorie gehören alle Pflanzen, die im Bereich des Samens fruchten, wie Bohne, Erbse, Linse, Soja, Mais, Tomate, Gurke, Kürbis, Zucchini udgl. wie auch Getreide für Sommer- und Winteranbau, die Aussaat von Ölfrüchten bringt dann die besten Samenerträge. Die beste Ölausbeute haben wir bei Pflegearbeiten an Blütentagen. Für den Anbau von Saatgut sind die Löwetage ♌ besonders gut geeignet. Fruchtpflanzen erntet man am besten an Fruchttagen, sie fördern die Lagerqualität und unterstützen die Regenerationskraft. Für Lagerobst wähle man zusätzlich die Zeit des aufsteigenden ☽ Mondes.

Ungünstige Zeiten

Ungünstige Zeiten, hervorgerufen durch Finsternisse, Knotenstellungen von Mond oder Planeten sowie negativ wirkende Konstellationen, sind im Kalendarium ausgelassen ----. Wenn man aus Zeitgründen gezwungen ist, an ungünstigen Tagen zu säen, kann man für die Hackarbeiten günstige Tage wählen und damit gute Verbesserungen erreichen.

Zum Verständnis des Kalendariums

Immer wieder bekommen wir Anfragen, weil die Leser mit den Aufzeichnungen der Monatsseiten Schwierigkeiten haben. In den meisten Fällen wird nach den Zahlen gefragt. Dabei handelt es sich fast immer um die Tagesstunden. Bitte lesen Sie den Abschnitt „Zum Verständnis des Kalendarium" aufmerksam durch. Dort finden Sie Antworten auf solche Fragen.

Neben Datum und Wochentag ist das Sternbild benannt, vor das der Mond an diesem Tag geht, mit zusätzlicher Angabe der Tagesstunde. Er bleibt vor diesem Sternbild, bis ein neues Sternbild auftritt.

In den nächsten zwei Spalten sind Konstellationen eingetragen, die z.T. für das Pflanzenwachstum von Bedeutung sind.

In der folgenden Spalte ist vor allem für den Imker vermerkt, welches Element heute vom ☽ vermittelt wird. Wärmewirkungen bei Gewitterneigung sind nicht unter den Elementen genannt, sondern nur mit dem Zeichen ⚡ angeführt.

In der kommenden Spalte ist das Fruchtorgan benannt, das über Aussaat und Pflegearbeiten an diesem Tage unterstützt wird, und die genauen Stundenangaben. Ist hinter dem Fruchtorgan keine Stundenangabe, so wirkt es sich über den ganzen Tag aus.

Auf der äußersten Spalte rechts sind Neigungen zu Naturereignissen oder auch Wettererwartungen erwähnt, die die Großwetterlage stören und unterbrechen.

Wenn am gleichen Tag verschiedene Elemente angegeben sind, die dem Mondstand nicht entsprechen, handelt es sich nicht um Druckfehler, sondern um andere kosmische Konstellationen, die den Mond-Tierkreisimpuls überdecken und verändern und somit ein anderes Pflanzenorgan begünstigen.

Die Tagesstunden sind nach mitteleuropäischer Zeit (MEZ) angegeben und können in anderen Erdteilen auf die „Ortszeit" umgerechnet werden.

Die „SOMMERZEIT" ist berücksichtigt worden. Man muss nicht mehr 1 Stunde hinzurechnen.

Astronomische Zeichen   Sonstige Zeichen

Sternbilder		Planeten					
♓	Fische	☉	Sonne	☺	Vollmond	St	Sturmneigung
♈	Widder	♁	Erde	●	Neumond	⚡	Gewitterneigung
♉	Stier	♀	Venus	☋	aufsteig. Knoten	E	Erdbebenneigung
♊	Zwillinge	☿	Merkur	☊	absteig. Knoten	K	verkehrskritisch
♋	Krebs	♂	Mars	⌢	Mond absteig.	V	Vulkanneigung
♌	Löwe	♃	Jupiter	⌣	Mond aufsteig.		
♍	Jungfrau	♄	Saturn	Pg	Erdnähe		
♎	Waage	♅	Uranus	Ag	Erdferne		
♏	Skorpion	♆	Neptun	☄	Finsternis		
♐	Schütze	♇	Pluto	☄	Finsternis	Pflanzzeit	Pflanzzeit
♑	Steinbock	☍	Opposition	△	Trigon		
♒	Wassermann	☌	Konjunktion				

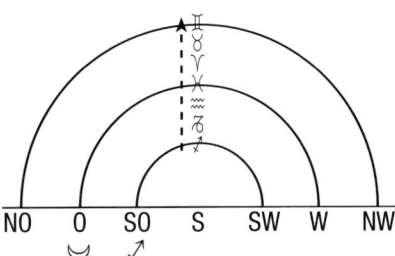

Der aufsteigende Mond

NO O SO S SW W NW

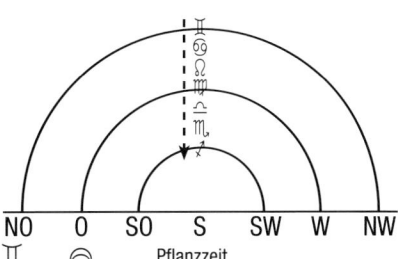

Der absteigende Mond

NO O SO S SW W NW
                    Pflanzzeit

Ist der Mond an der Tiefststellung seiner Bahn vor der Sternbildregion Schütze angekommen, wird er aufsteigend. Er beschreibt täglich einen etwas größeren Bogen am Himmel. Seine Aufgangsorte verschieben sich in Richtung Nordosten und seine Untergangsorte Richtung Nordwesten. Er sollte nicht verwechselt werden mit dem zunehmenden Mond.

Während des aufsteigenden Mondes ist der Saftanstieg in den Pflanzen stärker. Die Pflanze ist in ihren oberen Teilen saft- und krafterfüllt. Die Zeit ist günstig für den Schnitt von Veredlungsreisern, auch hier kann man den Effekt steigern, wenn man bei Fruchtpflanzen zusätzlich die in diesem Zeitraum liegenden Fruchttage benutzt, bei Blütenpflanzen die entsprechenden Blütentage. Das Gleiche gilt für die Tage der Veredlungs- und Pfropfarbeiten. Während dieser Zeit geerntetes Obst bleibt im Lager länger frisch und saftig. Die Zeit ist auch geeignet zum Schlagen der Weihnachtsbäume, sie halten die Nadeln lange, der Duft ist am intensivsten vom Schnitt an Blütentagen.

Wenn der Mond am Höchstpunkt seiner monatlichen Bahn vor der Sternbildregion Zwillinge angekommen ist, wird er absteigend (⌒). Seine Bögen werden am Südhimmel täglich niedriger, die Aufgangsorte verschieben sich nach Südosten und die Untergangsorte nach Südwesten.

Auf der südlichen Erdhälfte sind die Verhältnisse umgekehrt (⌒☽).

Unter Aussaat verstehen wir immer den Zeitpunkt, an dem wir den Samen in den Boden geben. Bringen wir dagegen Pflanzen von einem Standort zum anderen, sprechen wir vom Umpflanzen. Dies trifft zu, wenn Jungpflanzen vom geschützten Saatbeet an den endgültigen Platz ihres Wachstums gebracht werden, aber auch, wenn der Gärtner junge Pflänzchen zur Kräftigung der Wurzelentwicklung vielleicht sogar mehrmals verpflanzt, wie auch bei Obst-, Hecken- und Topfpflanzungen. Hier wählen wir den Zeitraum des absteigenden Mondes, der nicht verwechselt werden sollte mit den Lichtphasen des abnehmenden Mondes.

Während der Pflanzzeit wurzeln die Pflanzen gut und verbinden sich schnell mit dem neuen Standort. Man kann diesen Impuls für die einzelne Pflanzenart noch steigern, indem man aus dem Zeitraum der Pflanzzeit für Blattpflanzen die entsprechenden Blatttage (Krebs oder Skorpion), für Wurzelfrüchte wie Sellerie die Wurzeltage (Jungfrau), für Gurke oder Tomate die Fruchttage (Löwe) wählt, so hat man zu dem Bewurzelungsimpuls hinzu noch eine Förderung des Fruchtungstypes erreicht.

In diesem Zeitraum ist der Saftanstieg in den Pflanzen gering, deshalb ist er für Baum- und Heckenschnitt, zum Schlagen von Nutzholz wie auch zum Düngen der Wiesen, Weiden und Obstanlagen zu empfehlen.

Aussaattage Januar 2014

Dat.☾v. Sternb.	Konstellat.	Element☾	Fruchtorganimpuls durch ☾ oder Planeten	Neigung
1. Woche				
1. Mi ♐	☉ - ♐ ●13	Wa/Wä	Frucht bis 11 -----------	Pg22 K ♄
2. Do ♑ 16		Wä/Er	Frucht von 10 bis 15, ab 16 Wurzel	♄
3. Fr ♑		Erde	Wurzel	
4. Sa ♒ 13		Er/Li	Wurzel bis 12, ab 13 Blüte	E
2. Woche				
5. So ♒		Licht	Blüte	
6. Mo ♓ 7	Hlg. drei Könige	Li/Wa	Blüte bis 6, ab 7 Blatt	
7. Di ♓		Wasser	Blatt	
8. Mi ♓		Wasser	Blatt	St E
9. Do ♈ 3	☊13	Wa/Wä	Blatt bis 2, von 3 bis 9 und ab 17 Frucht	
10. Fr ♈		Wärme	Frucht bis 24	St E ♄ K
11. Sa ♉ 1		Wä/Er	Wurzel ab 1	
3. Woche				
12. So ♉		Erde	Wurzel	K
13. Mo ♉	⌒10	Erde	Wurzel bis 24 * Pflanzz. Beg. 12	
14. Di ♊ 1		Er/Li	Blüte ab 1	
15. Mi ♊		Licht	Blüte	E
16. Do ♋ 10	⊕6 Ag 3	Li/Wa	Blüte bis 9, ab 10 Blatt	
17. Fr ♋		Wasser	Blatt	St ♄ E
18. Sa ♌ 4	☉ - ♑	Wa/Wä	Blatt bis 3, ab 4 Frucht	
4. Woche				
19. So ♌		Wärme	Frucht	
20. M ♌		Wärme	Frucht	
21. Di ♍ 2		Wä/Er	Frucht bis 1, ab 2 Wurzel	
22. Mi ♍		Erde	Wurzel	St V
23. Do ♍		Erde	Wurzel bis 24	St
24. Fr ♎ 17	☍4 △	Er/Li	Wurzel von 8 bis 18, ab 19 Blüte	St K
25. Sa ♎	♄•	Licht	Blüte bis 12 und von 17 bis 24	
5. Woche				
26. So ♏ 1		Li/Wa	Blatt ab 1	St ♄
27. Mo ♏	☽18	Wasser	Blatt # Pflanzz. Ende 17	
28. Di ♐ 4		Wa/Wä	Blatt bis 3, ab 4 Frucht	
29. Mi ♐		Wärme	Frucht bis 8 -------------	
30. Do ♑ 4	●23 Pg11	Wä/Er	Wurzel ab 23	☿ ♌
31. Fr ♑		Erde	Wurzel bis 6, von 7 - 14 Frucht, von 15 - 24 Wurzel	

(vertikal: Pflanzzeit)

Die Tierkreissymbole beziehen sich auf die sichtbaren astronomischen Sternbilder,
nicht auf die astrologischen Sternzeichen (siehe S. 13)

Merkur	Venus	Mars	Jupiter	Saturn	Uranus	Neptun	Pluto
♐	♐	♍	♊	♎	♓	♒	♐
11.♑							
28.♒							

Notizen:

1. _____
2. _____
3. _____
4. _____

5. _____
6. _____
7. _____
8. _____
9. _____
10. _____
11. _____

12. _____
13. _____
14. _____
15. _____
16. _____
17. _____
18. _____

19. _____
20. _____
21. _____
22. _____
23. _____
24. _____
25. _____

26. _____
27. _____
28. _____
29. _____
30. _____
31. _____

Monatsbetrachtung Januar 2014

Am Anfang des Monats steht die Sonne im Schützen, wandert aber am 18.01. in den kühlen Steinbock, was eine Kälteperiode einläuten könnte. Das wird noch durch Merkur, bis zum 10. im Schützen und danach im Steinbock, sowie Venus im Schützen unterstützt.

Mars, den ganzen Monat in der Jungfrau, unterstreicht das Kältewirken des Steinbocks.

Jupiter in den Zwillingen, Saturn in der Waage sowie Neptun im Wassermann arbeiten für das Lichtwirken des Monats.

Nur Uranus in den Fischen könnte für Niederschlag sorgen.

Pluto, der sich kaum bewegt, steht den ganzen Monat im Schützen. Ein relatives Wärmewirken könnte somit angeregt werden.

Pflanzzeit: vom 13.1., 12 Uhr bis 27.1., 17 Uhr

Diese Zeit ist auch geeignet für **Obstbaum-, Wein- und Heckenschnitt**, dabei für Fruchtpflanzen die Blüten- und Fruchttage bevorzugen.

Pflanzzeit südliche Erde: 1.1., 00 Uhr bis 13.1., 8 Uhr und 27.1., 19 Uhr bis 31.1., 24 Uhr

Frucht-Samen-Ernte südl. Erde: 18.1., 4 bis 21., 1 Uhr und 28.1., 4 Uhr bis 29.1., 8 Uhr und den anderen Fruchttagen.

Blüten-Samen-Ernte südl. Erde: An den angegebenen Blütentagen

Blatt-Samen-Ernte südl. Erde: An Blatttagen bis zum 18.1.

Wurzel-Samen-Ernte südl. Erde: An Wurzetagen, 24.1.,8 bis 18 Uhr besonders günstig

Schneckenregulierung: 16.1., 9 Uhr bis 18.1., 2 Uhr

Im Umgang mit der Milch

kann empfohlen werden, die im Kalendarium ausgelassenen ---- Zeiten sowohl für die Herstellung von Butter als auch von gepflegten Käsearten weitmöglichst zu meiden. Die an Wärme-Fruchttagen gemolkene Milch bringt die höchsten Buttermengen, das Gleiche gilt für Tage mit Gewitterneigung. Die Erdnähetage des Mondes (Pg) sind für die Milchverarbeitung fast immer ungünstig, auch Joghurt gelingt nicht gut. Eigene Impfkulturen von diesen Tagen zerfallen leicht, sodass es ratsam ist, am Vortag die doppelte Menge anzusetzen. Die Milch liebt die Licht- und Wärmetage am meisten, die wässrigen Blatttage sind ungeeignet.

Aussaattage Februar 2014

Dat. ☾ v. Sternb.	Konstellat.	Element ☾	Fruchtorganimpuls durch ☾ oder Planeten	Neigung
1. Sa ≈ 1	☉ - ♑	Licht	Blüte ab 1	V

6. Woche

2. So ♓ 16		Li/Wa	Blüte bis 15, ab 16 Blatt	
3. Mo ♓		Wasser	Blatt	
4. Di ♓		Wasser	Blatt	
5. Mi ♈ 11	♋14	Wa/Wä	Blatt bis 10, ab 17 Frucht	
6. Do ♈		Wärme	Frucht	St V
7. Fr ♉ 8		Wä/Er	Frucht bis 7, ab 8 Wurzel	
8. Sa ♉		Erde	Wurzel	

7. Woche

9. So ♉	⌒17	Erde	Wurzel * Pflanzz. Beg. 18	St
10. Mo ♊ 7		Er/Li	Wurzel bis 6, ab 7 Blüte	
11. Di ♊		Licht	Blüte	
12. Mi ♋ 16	Ag7	Li/Wa	Blüte bis 15, ab 16 Blatt	
13. Do ♋		Wasser	Blatt	♄
14. Fr ♌ 10		Wa/Wä	Blatt bis 9, ab 10 Frucht	
15. Sa ♌	☉ - ≈ ☽1	Wärme	Frucht bis 23	St V

8. Woche

16. So ♌	△	Wärme	Wurzel von 00 bis 15, ab 16 Frucht	
17. Mo ♍ 8		Wä/Er	Frucht bis 7, ab 8 Wurzel	St ♄
18. Di ♍		Erde	Wurzel	
19. Mi ♍		Erde	Wurzel bis 24	
20. Do ♎ 23	♋5	Er/Li	Wurzel von 8 bis 22, ab 23 Blüte	E
21. Fr ♎	♄●	Licht	Blüte bis 21	
22. Sa ♏ 8		Li/Wa	Blüte von 2 bis 7, ab 8 Blatt	

9. Woche

23. So ♏		Wasser	Blatt	♄
24. Mo ♐ 13	☽3	Wa/Wä	Blatt - 12, ab 13 Frucht # Pflanzz. Ende 1	St V
25. Di ♐		Wärme	Frucht	
26. Mi ♑ 14	♀●	Wä/Er	Frucht bis 4 und von 9 bis 13, ab 14 Wurzel	
27. Do ♑	Pg21	Erde	Wurzel bis 9 -------------	
28. Fr ≈ 11		Er/Li	Blüte ab 11	

(Pflanzzeit)

Die Tierkreissymbole beziehen sich auf die sichtbaren astronomischen Sternbilder,
nicht auf die astrologischen Sternzeichen (siehe S. 13)

Merkur	Venus	Mars	Jupiter	Saturn	Uranus	Neptun	Pluto
≈≈	♐	♍	♊	♎	♓	≈≈	♐
16.♑							

Notizen:

1. _____
   _____
2. _____
3. _____
4. _____
5. _____
6. _____
7. _____
8. _____
   _____
9. _____
10. _____
11. _____
12. _____
13. _____
14. _____
15. _____
    _____
16. _____
17. _____
18. _____
19. _____
20. _____
21. _____
22. _____
    _____
23. _____
24. _____
25. _____
26. _____
27. _____
28. _____

Monatsbetrachtung Februar 2014

Noch steht die Sonne im Steinbock, wandert aber am 15.02. in den lichten Wassermann.
Merkur befindet sich im Wassermann, bis zum 15. des Monats, wandert am 16.02. in den Steinbock.
Venus verharrt den ganzen Monat im wärmeliebenden Schützen.
Mars verharrt noch immer in der Jungfrau und unterstützt somit das Kältewirken der „eisigen Fraktion".
Jupiter in den Zwillingen, Saturn in der Waage sowie Neptun im Wassermann sind die Wesenheiten, die Licht in die trüben Tage bringen.
Wie im Januar steht Pluto im Schützen.
Nur Uranus in den Fischen könnte Niederschlag bringen.

Pflanzzeit: vom 9.2., 18 Uhr bis 24.2., 1 Uhr

In der Pflanzzeit könnten **Wein, Obstbäume und Hecken** beschnitten werden. Dafür sind die Blüten- und Fruchttage am günstigsten. **Weggestrichene Zeiten dabei auslassen.**

Pflanzzeit südliche Erde: vom 1.2., 00 Uhr bis 9.2., 15 Uhr und 24.2., 5 Uhr bis 28.2., 24 Uhr

Frucht-Samen-Ernte südl. Erde: 5.2., 17 Uhr bis 7.2.,7 Uhr, 14.2.,10 Uhr bis 15.2., 23 Uhr, 16.2., 16 Uhr bis 17.2., 7 Uhr und 24.2.,13 Uhr bis 26.2., 4 Uhr

Blüten-Samen-Ernte: 20.2., 23 Uhr bis 21.2., 21 Uhr und 28.2., 11 bis 24 Uhr
Schneckenregulierung: 12.2., 15 Uhr bis 15.2.,5 Uhr.
Schnitt von **Weidenstecklingen für Zäune** und **Hecken:** 24.2., 14 Uhr, bis 26.2., 4 Uhr und 28.2., 11 bis 24 Uhr

Aussaattage März 2014

Dat.☾ v. Sternb.	Konstellat.	Element☾	Fruchtorganimpuls durch ☾ oder Planeten	Neigung
1. Sa ≈	☉ - ≈ ●9 △ Licht		Blüte sehr günstig	
10. Woche				
2. So ♓ 3		Li/Wa	Blüte bis 2, ab 3 Blatt	
3. Mo ♓		Wasser	Blatt	
4. Di ♈ 20	♉19	Wa/Wä	Blatt bis 14, ab 23 Frucht	♄ K
5. Mi ♈		Wärme	Frucht	St E V
6. Do ♉ 16		Wä/Er	Frucht bis 15, ab 16 Wurzel	
7. Fr ♉		Erde	Wurzel	
8. Sa ♉	⌒24	Erde	Wurzel bis 16 ----------	
11. Woche				
9. So ♊ 14	☿♋	Er/Li	------------------------	
10. Mo ♊		Licht	Blüte ab 5	* Pflanzz. Beg. 5
11. Di ♋ 23	Ag21	Li/Wa	Blüte bis 24	St K
12. Mi ♋	☉ - ♓	Wasser	Blatt ab 1	
13. Do ♌ 17		Wa/Wä	Blatt bis 16, ab 17 Frucht	
14. Fr ♌		Wärme	Frucht	St
15. Sa ♌		Wärme	Frucht	
12. Woche				
16. So ♍ 14	☺18	Wä/Er	Frucht bis 13, ab 14 Wurzel	St V K
17. Mo ♍		Erde	Wurzel	
18. Di ♍		Erde	Wurzel	
19. Mi ♍	♌8	Erde	Wurzel bis 3 und ab 12	
20. Do ♎ 4		Er/Li	Wurzel bis 3, ab 4 Blüte	
21. Fr ♏ 13	♄☾	Li/Wa	Blüte bis 3 und von 8 bis 12, ab 13 Blatt	
22. Sa ♏		Wasser	Blatt	St ♄
13. Woche				
23. So ♐ 19	☽9	Wa/Wä	Blatt bis 18, ab 19 Frucht	# Pflanzz. Ende 6
24. Mo ♐		Wärme	Frucht	
25. Di ♑ 22		Wä/Er	Frucht bis 21, ab 22 Wurzel	
26. Mi ♑	△	Erde	Wurzel - 1, v. 2 - 17 Blüte, ab 18 Wurzel	St V
27. Do ≈ 20	Pg20	Er/Li	Wurzel bis 7 ----------	
28. Fr ≈		Licht	Blüte ab 8	
29. Sa ♓ 13	△	Li/Wa	Blüte bis 12, von 13 bis 24 Wurzel sehr günstig	
14. Woche				
30. So ♓	●21	Wasser	Blatt ab 1	
31. Mo ♓		Wasser	Blatt	

Pflanzzeit

Die Tierkreissymbole beziehen sich auf die sichtbaren astronomischen Sternbilder, nicht auf die astrologischen Sternzeichen (siehe S. 13)

Merkur	Venus	Mars	Jupiter	Saturn	Uranus	Neptun	Pluto
♑	♐	♍	♊	♎	♓	♒	♐
14. ♒	4. ♑						

Notizen:

1. _____
_____
2. _____
3. _____
4. _____
5. _____
6. _____
7. _____
8. _____
_____
9. _____
10. _____
11. _____
12. _____
13. _____
14. _____
15. _____
_____
16. _____
17. _____
18. _____
19. _____
20. _____
21. _____
22. _____
_____
23. _____
24. _____
25. _____
26. _____
27. _____
28. _____
29. _____
_____
30. _____
31. _____

Monatsbetrachtung März 2014

Die Sonne steht im Wassermann, wandert aber am 12.03. in die Fische. Zusammen mit Uranus in den Fischen könnte sie für Niederschlag sorgen.
Merkur, im kühlen Steinbock, wandert am 14.03. in den lichten Wassermann.
Venus im Schützen geht bereits am 04.03. in den kühlen Steinbock. Mars in der Jungfrau hält immer noch die Kältefraktion in seinen „Händen". Jupiter in den Zwillingen bringt, zusammen mit Saturn in der Waage und Neptun im Wassermann sind als lichtbringende Helfer im Einsatz.
Der einzige „Wärmeliebhaber" ist Pluto im Schützen, dem gegenüber man dankbar sein sollte .

Vielleicht ist „schönes Wetter" angesagt

Pflanzzeit: vom 10.3.,5 Uhr bis zum 23.3., 6 Uhr

Pflanzzeit südliche Erde: vom 1.3., 00 Uhr bis 8.3., 14 Uhr und 23.3, 12 Uhr bis 31.3., 24 Uhr

Blüten-Samen-Ernte südl. Erde: an den angegebenen Blütentagen.
Blatt-Samen-Ernte südl. Erde: an den angegebenen Blatttagen.
Frucht-Samen-Ernte südl. Erde: an den angegebenen Fruchttagen.
Wurzel-Samen-Ernte südl. Erde: an den angegebenen Wurzeltagen, 29.3., 13 bis 24 Uhr besonders günstig.
Weidenstecklinge stecken: Für Pollentracht: 10.3., 5 Uhr, bis 11.3., 24 Uhr
Für Honigtracht: 13.3., 17 Uhr bis 16.3., 13 Uhr.

Schneckenregulierung: 12.3. 1 Uhr, bis 13.3., 16 Uhr.
Pfropfreiser schneiden: 1.3. 00 Uhr bis 8.3., 16 Uhr und 10.3., 5 Uhr bis 11.3., 23 Uhr. Bitte die Fruchtungstypen beachten.

Aussaattage April 2014

Dat.☾ v. Sternb.	Konstellat.	Element ☾	Fruchtorganimpuls durch ☾ oder Planeten	Neigung
1. Di ♈ 7	☉ - ♓ ☍5	Wa/Wä	Blatt bis 1, ab 8 Frucht	
2. Mi ♈	♄☌	Wärme	Frucht bis 8 und ab 12	E
3. Do ♉ 2		Wä/Er	Frucht bis 1, ab 2 Wurzel	♄ V
4. Fr ♉		Erde	Wurzel	St V
5. Sa ♊ 23	⚳10	Er/Li	Wurzel - 22, ab 23 Blüte * Pflanzz. Beg. 12	K V
15. Woche				
6. So ♊		Licht	Blüte	St
7. Mo ♊		Licht	Blüte	
8. Di ♋ 8	Ag17	Li/Wa	Blüte bis 20, ab 21 Blatt	
9. Mi ♋		Wasser	Blatt	
10. Do ♌ 2		Wa/Wä	Blatt bis 1, von 2 bis 14 Frucht ---	
11. Fr ♌	♀☍	Wärme	------------------------	E
12. Sa ♍ 22		Wä/Er	Frucht von 10 bis 21, ab 22 Wurzel	♄
16. Woche				
13. So ♍		Erde	Wurzel	
14. Mo ♍		Erde	Wurzel	St E
15. Di ♍	♁10 ☾☌	Erde	Wurzel bis 8 und ab 20 ・・ ♌16	St V
16. Mi ♎ 12		Er/Li	Wurzel bis 11, ab 12 Blüte	St
17. Do ♏ 20	♄☌	Li/Wa	Blüte - 6 u. v. 11 - 19, ab 20 Bla. #Pfl. En. 24	St
18. Fr ♏ Karfreitag	△	Wasser	------------------------	St
19. Sa ♏	☉ - ♈ ☋15	Wasser	------------------------	E
17. Woche				
20. So ♐ 2 Ostern		Wa/Wä	Frucht ab 2	
21. Mo ♐		Wärme	Frucht	V K
22. Di ♑ 5		Wä/Er	Frucht bis 4, von 5 bis 14 Wurzel ---	
23. Mi ♑	Pg3	Erde	Wurzel ab 15	V
24. Do ♒ 4		Er/Li	Wurzel bis 3, ab 4 Blüte	K
25. Fr ♓ 22		Li/Wa	Blüte bis 21, ab 22 Blatt	St E
26. Sa ♓		Wasser	Blatt	
18. Woche				
27. So ♓		Wasser	Blatt bis 9 --------------	
28. Mo ♈ 16	☍14 ☿♌	Wa/Wä	Frucht ab 21	
29. Di ♈	●9 ☉☌ △	Wärme	Frucht bis 5 und ab 11	V K
30. Mi ♉ 12		Wä/Er	Frucht bis 11, ab 12 Wurzel	

(senkrechter Text im grünen Balken: Pflanzzeit)

Die Tierkreissymbole beziehen sich auf die sichtbaren astronomischen Sternbilder,
nicht auf die astrologischen Sternzeichen (siehe S. 13)

Merkur	Venus	Mars	Jupiter	Saturn	Uranus	Neptun	Pluto
♒	♑	♍	♊	♎	♓	♒	♐
2. ♓	2. ♒						
23. ♈	25. ♓						

Notizen:

1. _____
2. _____
3. _____
4. _____
5. _____
  _____
6. _____
7. _____
8. _____
9. _____
10. _____
11. _____
12. _____
  _____
13. _____
14. _____
15. _____
16. _____
17. _____
18. _____
19. _____
  _____
20. _____
21. _____
22. _____
23. _____
24. _____
25. _____
26. _____
  _____
27. _____
28. _____
29. _____
30. _____

Monatsbetrachtung April 2014

Die Sonne steht Anfang des Monats in den Fischen, wechselt aber am 19.04. in den wärme-liebenden Widder. Merkur im Wassermann wandert am 2.4. in die feuchten Fische dann am 23. des Monats in den wärmeliebenden Widder.
Venus hält sich nur einen Tag im Steinbock auf und wechselt am 2. des Monats in den lichten Wassermann, dann am 25.4. in die feuchten Fische.
Also: Niederschlag könnte angesagt sein.
Mars befindet sich in der kühlen Jungfrau. Jupiter, in den lichten Zwillingen, wird von Saturn in der Waage im Lichtwirken unterstützt. Neptun im Wassermann stärkt das „Lichtwirken".
Uranus, da er in den Fischen steht, hilft den „Regenspezialisten", was im Frühjahr sehr von Nöten sein kann. Pluto im Schützen, unterstützt die Wärmespezialisten mit seinem Wirken.
Fazit: Es könnten schöne Frühlingstage kommen, aber auch Regen, der im Frühling arg gebraucht wird.
Pflanzzeit: vom 5.4., 12 Uhr bis 17.4., 24 Uhr

Pflanzzeit südliche Erde: vom 1.4., 00 Uhr bis 5.4., 8 Uhr und 20.4., 2 Uhr bis 30.4., 24 Uhr
Frucht-Samen-Ernte südl. Erde: an den angegebenen Fruchttagen.
Wurzel-Samen-Ernte südl. Erde: an den angegebenen Wurzeltagen. Gestrichene Zeiten ausl.
Blüte-Samen-Ernte südl. Erde: bei angegebenen. Blütentagen. Ausgelassene Zeiten beachten.
Blatt- Samen-Ernte südl. Erde: an Blatttagen

Pfropfarbeiten: Fruchtgehölze vom 20.4., 2 Uhr bis 22.4. 4 Uhr und 28.4., 21 Uhr bis 30.4., 11 Uhr
Blütengehölze: vom 24.4., 4 Uhr bis 25.4., 21 Uhr
Schneckenregulierung: 8.4., 8 Uhr bis 10.4., 1 Uhr

Aussaattage Mai 2014

Dat.	☾ v. Sternb.	Konstellat.	Element ☾	Fruchtorganimpuls durch ☾ oder Planeten	Neigung
1. Do	♉	☉ - ♈	Erde	Wurzel	St
2. Fr	♉	⌒18	Erde	Wurzel * Pflanzz. Beg. 20	St ɥ E K
3. Sa	♊ 8	☿☍♄	Er/Li	Wurzel bis 7, von 8 bis 16 Blüte, ab 17 Frucht	
19. Woche					
4. So	♊	△	Licht	Frucht bis 6, ab 7 Blüte	
5. Mo	♋ 16		Li/Wa	Blüte bis 15, ab 16 Blatt	
6. Di	♋	Ag13	Wasser	Blatt bis 4, von 5 bis 16 Blüte, ab 17 Blatt	St ɥ
7. Mi	♌ 10		Wa/Wä	Blatt bis 9, ab 10 Frucht	St ɥ
8. Do	♌		Wärme	Frucht	
9. Fr	♌		Wärme	Frucht	
10. Sa	♍ 8	☉☍♄	Wä/Er	Frucht - 10, von 11 - 24 Frucht und Blüte	E K
20. Woche					
11. So	♍	♀☍♂	Erde	Wurzel ab 1	St ɥ V
12. Mo	♍	△	Erde	Wurzel bis 21, sehr günstig	
13. Di	♎ 21	☊00	Er/Li	Wurzel von 3 bis 20, ab 21 Blüte	St
14. Mi	♎	☉ - ♉ ○22	Licht	Blüte bis 11 und ab 17	♄● St E
15. Do	♏ 4		Li/Wa	Blüte bis 3, ab 4 Blatt	St
16. Fr	♏	◡23	Wasser	Blatt # Pflanzz. Ende 21	
17. Sa	♐ 8		Wa/Wä	Blatt bis 7, ab 8 Frucht	
21. Woche					
18. So	♐	Pg14	Wärme	Frucht bis 2 -----------	
19. Mo	♑ 10		Wä/Er	Frucht von 3 bis 9, ab 10 Wurzel	St V
20. Di	♑		Erde	Wurzel	
21. Mi	♒ 9		Er/Li	Wurzel bis 8, ab 9 Blüte	ɥ
22. Do	♒		Licht	Blüte	St E
23. Fr	♓ 4		Li/Wa	Blüte bis 3, ab 4 Blatt	St
24. Sa	♓	△	Wasser	Blatt bis 7, von 8 bis 24 Blüte	
22. Woche					
25. So	♈ 23	☋20	Wa/Wä	Blatt von 1 bis 16 -----	St
26. Mo	♈		Wärme	Frucht ab 00	ɥ K
27. Di	♉ 19		Wä/Er	Frucht bis 18, ab 19 Wurzel	
28. Mi	♉	●21	Erde	Wurzel	St V
29. Do	♉	Himmelfahrt	Erde	Wurzel	St E
30. Fr	♊ 16	⌒3	Er/Li	Wur. - 15, v. 16 - 22 Blü., ab 23 Wur. * Pfl. Beg. 6	
31. Sa	♊	△	Licht	Wurzel bis 13, ab 14 Blüte	

Pflanzzeit

Die Tierkreissymbole beziehen sich auf die sichtbaren astronomischen Sternbilder, nicht auf die astrologischen Sternzeichen (siehe S. 13)

Merkur	Venus	Mars	Jupiter	Saturn	Uranus	Neptun	Pluto
♈	♓	♍	♊	♎	♓	♒	♐
4.♉	28.♈						
28.♊							

Notizen:

1. _____
2. _____
3. _____
_____
4. _____
5. _____
6. _____
7. _____
8. _____
9. _____
10. _____
_____
11. _____
12. _____
13. _____
14. _____
15. _____
16. _____
17. _____
_____
18. _____
19. _____
20. _____
21. _____
22. _____
23. _____
24. _____
_____
25. _____
26. _____
27. _____
28. _____
29. _____
30. _____
31. _____

Monatsbetrachtung Mai 2014

Endlich steht die Sonne im Widder, wandert aber bereits am 14.5. in den Stier, der kühlere Zeiten versprechen wird.

Merkur hält sich nur kurz im Widder auf, wechselt bereits am 4.5. in den kühlen Stier und wechselt am 28.5. in die lichten Zwillinge. Starkes Lichtwirken ist angesagt.

Uranus in den Fischen steht für Regen. Auch Venus verbleibt bis zum 28.5.in den feuchten Fischen und wandert am selben Tag – endlich – in den wärmeliebenden Widder. Mars in der Jungfrau ist das „Rückrat" der kälteliebenden Fraktion.

Jupiter, in den Zwillingen, unterstützt von Saturn in der Waage und von Neptun im Wassermann bilden zusammen eine sehr starke „Lichtfraktion"!

Pluto im Schützen wird – hoffentlich – für Wärme sorgen!! Das sind keine tollen Aussichten für den Mai 2014. Man kann nur hoffen, dass die „Guten Geister" ein Einsehen haben und dem Mai helfen.

Pflanzzeit: vom 2.5., 20 Uhr bis 16.5., 21 Uhr und 30.5., 6 Uhr bis 31.5., 24 Uhr

Pflanzzeit südliche Erde: vom 1.5., 00 Uhr bis 2.5., 15 Uhr und 17.5., 3 Uhr bis 30.5., 1 Uhr

Bodenwärme setzt ein am 4.5.

Bio-dyn. Präparate aus der Erde nehmen: am 4.5., 00 bis 15 Uhr

Speisekartoffeln: an Wurzeltagen, 11.5.,1 Uhr bis 13.5., 20 Uhr, 27.5., 19 Uhr bis 30 5., 15 Uhr und 30.5., 23 bis 31.5., 13 Uhr

Saatkartoffeln für 2015: 26.5., 00 Uhr bis 27.5., 18 Uhr

Heuschnitt: an Blütentagen,

Einleiten (Umlarven, Bogenschnitt oder Stanzen) der **Königinnnenzucht** an Blütentagen (3).

Stallfliegen: mit Fliegenfänger fangen und an Blütentagen im Stall verbrennen.

Werren: 15.5., 4 Uhr bis 17.5., 7 Uhr

Schadinsekten-, Kartoffelkäfer- und Varroa-bekämpfung: vom 27.5., 19 Uhr bis 30.5., 15 Uhr

Aussaattage Juni 2014

Dat.	☾ v. Sternb.	Konstellat.	Element ☾		Fruchtorganimpuls durch ☾ oder Planeten	Neigung
23. Woche						
1. So	♋ 23	☉ - ♉	Li/Wa	Pflanzzeit	Blüte bis 22, ab 23 Blatt Pflanzzeit	
2. Mo	♋		Wasser		Blatt bis 22, ab 23 Blüte	
3. Di	♌ 18	Ag 7	WaWä		Blüte bis 10, von 11 bis 17 Blatt, ab 18 Frucht	
4. Mi	♌		Wärme		Frucht bis 16 --------	
5. Do	♌	☿☋	Wärme		----------------------	St
6. Fr	♍ 16		Wä/Er		Frucht von 4 bis 15, ab 16 Wurzel	St K
7. Sa	♍		Erde		Wurzel	
24. Woche						
8. So	♍	Pfingsten	Erde		Wurzel	
9. Mo	♍	☊8 △	Erde		Wurzel bis 3 und ab 11	
10. Di	♎ 6	♄☌	Er/Li		Wurzel bis 5, von 6 bis 18 Blüte	
11. Mi	♏ 14		Li/Wa		----------------------	St
12. Do	♏	♂☋	Wasser		------- Blatt ab 13	St E
13. Fr	♐ 17	◡9 ○7	Wa/Wä		Blatt - 16, ab 17 Frucht # Pflanzz. Ende 7	St
14. Sa	♐		Wärme		Frucht bis 11 ---------	St V K
25. Woche						
15. So	♑ 18	Pg 6	Wä/Er		--------- Wurzel ab 18	
16. Mo	♑		Erde		Wurzel	St
17. Di	♒ 15		Er/Li		Wurzel bis 14, ab 15 Blüte	St E
18. Mi	♒		Licht		Blüte	St
19. Do	♓ 9	Fronleichnam	Li/Wa		Blüte bis 8, ab 9 Blatt	ɥ K
20. Fr	♓		Wasser		Blatt	ɥ K
21. Sa	♓	☉ - ♊ ☋23	Wasser		Blatt bis 19	St V
26. Woche						
22. So	♈ 5		Wa/Wä		Frucht ab 5	
23. Mo	♈		Wärme		Frucht	St
24. Di	♉ 2	Johanni	Wä/Er		Frucht bis 1, ab 2 Wurzel	St
25. Mi	♉	♂☍♅	Erde		Wurzel	
26. Do	♊ 23	⌒11 ☿☌	Er/Li	Pflanzzeit	Wur. - 11 u. v. 16 - 22, ab 23 Blü. *Pflanzz. Beg. 13	
27. Fr	♊	●11	Licht		Blüte	
28. Sa	♊		Licht		Blüte	
27. Woche						
29. So	♋ 6	△	Li/Wa		Blüte besonders günstig - 12, ab 13 Blatt	St E
30. Mo	♋	Ag 22	Wasser		Blatt bis 12, ab 13 Blüte	

Die Tierkreissymbole beziehen sich auf die sichtbaren astronomischen Sternbilder, nicht auf die astrologischen Sternzeichen (siehe S. 13)

Merkur	Venus	Mars	Jupiter	Saturn	Uranus	Neptun	Pluto
♊	♈	♍	♊	♎	♓	♒	♐
18.♉	18.♉						

Notizen:

1. _____
2. _____
3. _____
4. _____
5. _____
6. _____
7. _____
   _____

8. _____
9. _____
10. _____
11. _____
12. _____
13. _____
14. _____
   _____

15. _____
16. _____
17. _____
18. _____
19. _____
20. _____
21. _____
   _____

22. _____
23. _____
24. _____
25. _____
26. _____
27. _____
28. _____
   _____

29. _____
30. _____

Monatsbetrachtung Juni 2014

Die Sonne steht im Stier, wandert aber am 21.6. in die lichten Zwillinge.

Merkur in den Zwillingen begibt sich am 18.6. in den Stier. Da dürften die ersten kühlen Nächte angesagt sein. Auch Venus, noch im wärmenden Widder wechselt am 18.6. in den kühlen Stier.

Mars hält den ganzen Monat über der Jungfrau gegenüber die Treue. Er wirkt also auch über das kühle Erdenelement.

Jupiter in den Zwillingen hält mit Saturn in der Waage zusammen mit Neptun im Wassermann dem Lichtwirken die Treue.

Allein Uranus in den Fischen kann für Niederschlag sorgen. Pluto im Schützen steht für Wärme ein.

Fazit: Es könnte noch schöne Sommertage geben, aber kühle Nächte auch.

Pflanzzeit: vom 1.6., 00 Uhr bis 13.6., 7 Uhr und 26.6., 13 Uhr bis 30.6., 24 Uhr
Pflanzzeit südliche Erde: vom 13.6., 11 Uhr bis 26.6., 9 Uhr

Heuschnitt: an Blütentagen, 10.6., 6 bis 18 Uhr, 17.6., 15 Uhr bis 19.6., 8 Uhr, 26.6., 23 Uhr bis 29.6., 12 Uhr, 30.6., 13 bis 24 Uhr besonders günstig.
Königinnenzucht bei Bienen: 10.6., 6 bis 18 Uhr, 17.6., 15 Uhr bis 19.6., 8 Uhr, 26.6., 23 Uhr bis 29.6., 12 Uhr besonders günstig oder den anderen Blütentagen (3).
Stallfliegen: mit Fliegenfänger fangen und an Blütentagen im Stall verbrennen.
Werren: am 11.6., 13 Uhr bis 13.6., 15 Uhr veraschen
Heuschreckenbekämpfung: 26.6., 23 Uhr bis 29.6., 5 Uhr

Aussaattage Juli 2014

Dat. ☾ v. Sternb.	Konstellat.	Element ☾	Fruchtorganimpuls durch ☾ oder Planeten	Neigung
1. Di ♌ 1	☉ - ♊	Wa/Wä	Blüte bis 1, ab 2 Frucht — Pflanzzeit	
2. Mi ♌		Wärme	Frucht	
3. Do ♌		Wärme	Frucht bis 23	St
4. Fr ♍ 00		Erde	Wurzel ab 00	
5. Sa ♍		Erde	Wurzel	

28. Woche

Dat. ☾ v. Sternb.	Konstellat.	Element ☾	Fruchtorganimpuls durch ☾ oder Planeten	Neigung
6. So ♍	♌11 ♂•	Erde	Wurzel bis 1 und ab 14	
7. Mo ♎ 16		Er/Li	Wurzel bis 15, ab 16 Blüte	
8. Di ♎	♄•	Licht	Blüte bis 2 und ab 7	St ♄
9. Mi ♏ 00	△	Wasser	Blüte bis 5, ab 6 Blatt	
10. Do ♏	☽20	Wasser	Blatt — * Pflanzz. Ende 18	St E
11. Fr ♐ 4		Wa/Wä	Blatt bis 3, ab 4 Frucht	♄ K
12. Sa ♐	☺14	Wärme	Frucht bis 23	St

29. Woche

Dat. ☾ v. Sternb.	Konstellat.	Element ☾	Fruchtorganimpuls durch ☾ oder Planeten	Neigung
13. So ♑ 3	△ Pg11	Wä/Er	--------- Wurzel ab 23	St
14. Mo ♑		Erde	Wurzel bis 23	St E
15. Di ♒ 00		Licht	Blüte ab 00	
16. Mi ♓ 17		Li/Wa	Blüte bis 16, ab 17 Blatt	
17. Do ♓		Wasser	Blatt	♄ K
18. Fr ♓		Wasser	Blatt bis 20	
19. Sa ♈ 11	☊1 △	Wa/Wä	Blüte von 4 bis 10, ab 11 Frucht	

30. Woche

Dat. ☾ v. Sternb.	Konstellat.	Element ☾	Fruchtorganimpuls durch ☾ oder Planeten	Neigung
20. So ♈	☉ - ♋	Wärme	Frucht	St
21. Mo ♉ 7		Wä/Er	Frucht bis 6, ab 7 Wurzel	St E
22. Di ♉		Erde	Wurzel	
23. Mi ♉	⌢18	Erde	Wurzel — * Pflanzz. Beg. 20	
24. Do ♊ 5	△	Er/ILi	Wurzel bis 4, von 5 bis 9 Blüte ---	St E
25. Fr ♊	△ ☿♌	Licht	--------- ab 21 Blüte	V K
26. Sa ♋ 13		Li/Wa	Blüte bis 12, ab 13 Blatt	

31. Woche

Dat. ☾ v. Sternb.	Konstellat.	Element ☾	Fruchtorganimpuls durch ☾ oder Planeten	Neigung
27. So ♋	●1	Wasser	Blatt bis 21	
28. Mo ♌ 7	Ag6	Wa/Wä	Frucht ab 9	St E
29. Di ♌		Wärme	Frucht	
30. Mi ♌		Wärme	Frucht	St E
31. Do ♍ 6		Wä/Er	Frucht bis 5, ab 6 Wurzel	

Merkur	Venus	Mars	Jupiter	Saturn	Uranus	Neptun	Pluto
♉	♉	♍	♊	♎	♓	♒	♐
12. ♊	18. ♊		5. ♋				
30. ♋							

Notizen:

1.
2.
3.
4.
5.

6.
7.
8.
9.
10.
11.
12.

13.
14.
15.
16.
17.
18.
19.

20.
21.
22.
23.
24.
25.
26.

27.
28.
29.
30.
31.

Monatsbetrachtung Juli 2014

Endlich Sommer!
Die Sonne steht in den lichten Zwillingen und wechselt am 20.7. in den Krebs. Das könnte lauen Sommerregen bringen.
Merkur im Stier begibt sich am 12.7. in die Zwillinge, landet aber am 30.07. im feuchten Krebs. Auch Venus hält dem Stier vorerst die Treue. Sie wechselt am 18.7. in die lichten Zwillinge.
Mars in der Jungfrau, beherrscht noch immer das kalte Erdenelement.
Jupiter wechselt am 5.7. von den lichten Zwillingen in den wässrigen Krebs.
Saturn in der Waage hält zusammen mit Neptun im Wassermann dem Lichtwirken die Treue.
Uranus in den Fischen kann mit Jupiter ab dem 5.7. zusammen für Niederschlag sorgen.
Pluto im Schützen, wird Wärme bringen.
Die vier Lichttrigone können leider nur teilweise zur Wirkung kommen, da der Merkurknoten am 25.7. die Lichtwirkung einschränkt.

Pflanzzeit: vom 1.7., 00 Uhr bis 10.7., 18 Uhr und vom 23.7., 20 Uhr bis 31.7., 00 Uhr.
Pflanzzeit südliche Erde: vom 10.7., 22 Uhr bis 23.7., 16 Uhr.

Heuschnitt: an Blütentagen, 24.7., 5 bis 9 Uhr, 25.7., 21 Uhr bis 26.7., 12 Uhr
Heuschreckenbekämpfung: 24.7., 5 Uhr bis 28.7., 6 Uhr
Stallfliegen: mit Fliegenfänger fangen und an Blütentagen im Stall verbrennen. Gestrichene Zeiten auslassen
Schneckenregulierung: 6.7., 00 bis 5 Uhr, 26.7., 13 Uhr bis 28.7., 6 Uhr veraschen. An Blütentagen früh morgens bei Blattpflanzen den Boden mit Kieselpräparat bespritzen.
Blüten-Samen-Ernte: 19.7., 4 bis 10 Uhr, 24.7., 5 bis 9 Uhr, 25.7., 21 Uhr bis 26.7., 12 Uhr
Blatt-Samen-Ernte: wenn unbedingt erforderlich, 26.7., 13 Uhr bis 27.7., 21 Uhr.
Frucht-Samen-Ernte: 11.7., 4 Uhr bis 12.7., 23 Uhr
Wurzel-Samen-Ernte: 13.7., 23 bis 14.7, 23 Uhr

Aussaattage August 2014

Dat. ☾v. Sternb.	Konstellat.		Element☾		Fruchtorganimpuls durch ☾ oder Planeten	Neigung
1. Fr ♍	☉ - ♋ △		Erde	Pflanzzeit	Wurzel - 5, von 6 - 12 Blüte Pflanzzeit	St E
2. Sa ♍	☊14		Erde		-------------------------	
32. Woche						
3. So ♍		♀☊	Erde		--- Wurzel von 13 bis 23	
4. Mo ♎ 00		♄●	Licht		Blüte von 00 bis 10 und ab 15	St E V
5. Di ♏ 9			Li/Wa		Blüte bis 8, ab 9 Blatt	St E
6. Mi ♏			Wasser		Blatt	St V
7. Do ♐ 14	◡7		Wa/Wä		Blatt bis 13, ab 14 Frucht # Pflanzz. Ende 5	
8. Fr ♐		△	Wärme		Frucht bis 12, ab 13 Blatt	
9. Sa ♑ 14		△	Wä/Er		Blatt - 5, von 6 - 13 Frucht, ab 14 Wurzel	St V
33. Woche						
10. So ♑	○20	Pg20	Erde		Wurzel bis 8 ------------	St V
11. Mo ♒ 10	☉ - ☊		Er/Li		--- Blüte ab 10	
12. Di ♒			Licht		Blüte	St E
13. Mi ♓ 2			Li/Wa		Blüte bis 1, ab 2 Blatt	St V
14. Do ♓		⛢●	Wasser		Blatt bis 16 und ab 20	
15. Fr ♈ 18	☋3		Wa/Wä		Blatt von 7 bis 17, ab 18 Frucht	K
16. Sa ♈			Wärme		Frucht	St ɥ
34. Woche						
17. So ♉ 13			Wä/Er		Frucht bis 12, ab 13 Wurzel	St E
18. Mo ♉			Erde		Wurzel	K
19. Di ♉		☿☍♆	Erde		Wurzel	St V
20. Mi ♊ 11	◠1		Er/Li	Pflanzzeit	Wurzel bis 10, ab 11 Blüte * Pflanzz. Beg. 3	
21. Do ♊		△	Licht		Blüte bis 10, von 11 bis 24 Frucht	St ɥ V
22. Fr ♋ 19			Li/Wa		Blüte von 1 bis 18, ab 19 Blatt	
23. Sa ♋			Wasser		Blatt bis 21, ab 22 Blüte	St ɥ
35. Woche						
24. So ♌ 13		Ag9	Wa/Wä		Blüte bis 12, ab 13 Frucht	St ɥ
25. Mo ♌	●17 △		Wärme		Frucht bis 3, von 4 bis 14 Blatt, ab 15 Frucht	
26. Di ♌			Wärme		Frucht	St V
27. Mi ♍ 12			Wä/Er		Frucht bis 11, ab 12 Wurzel	
28. Do ♍			Erde		Wurzel	
29. Fr ♍	☊16	☉☍♆	Erde		Wurzel bis 12 und ab 19	St K
30. Sa ♍			Erde		Wurzel	
36. Woche						
31. So ♎ 6		♄●	Er/Li		Wurzel bis 5, von 6 bis 16 Blüte	

Merkur	Venus	Mars	Jupiter	Saturn	Uranus	Neptun	Pluto
♋	♊	♍	♋	♎	♓	♒	♐
10.♌	10.♋	12.♎					
29.♍	27.♌						

Notizen:

1. _____
2. _____
_____
3. _____
4. _____
5. _____
6. _____
7. _____
8. _____
9. _____
_____
10. _____
11. _____
12. _____
13. _____
14. _____
15. _____
16. _____
_____
17. _____
18. _____
19. _____
20. _____
21. _____
22. _____
23. _____
_____
24. _____
25. _____
26. _____
27. _____
28. _____
29. _____
30. _____
_____
31. _____

Monatsbetrachtung August 2014

Der August beginnt am ersten mit einem Lichttrigon. Die Sonne beginnt im Krebs, begibt sich aber - zum Glück - am 11.8. in den Löwen: Da könnte herrliches Sommerwetter folgen.

Merkur beginnt im Krebs, und landet am 10.8, im Löwen, wechselt aber am 29.8. in die Jungfrau, was uns erste kühle Nächte bescheren könnte.

Mars, in der Jungfrau, wechselt am 12.8. in die lichte Waage.

Zusammen mit Saturn, auch in der Waage und Neptun im Wassermann halten sie dem Lichtwirken die Treue. Jupiter im Krebs und Uranus in den Fischen sind für Niederschlag zuständig. Das wird noch von den drei wässrigen Trigonen unterstützt.

Pluto im Schützen, unterstützt die Wärmekonstellationen des Löwen,

Fazit: Es könnte noch herrliche Sommertage geben.

Pflanzzeit: vom 1.8., 00 Uhr bis 7.8., 5 Uhr und 20.8., 3 Uhr bis 31.8., 24 Uhr

Pflanzzeit südliche Erde: vom 7.8., 9 Uhr bis 19.8., 23 Uhr.

Samen von Fruchtpflanzen und Getreide für Saatgut sollten an Fruchttagen geerntet werden.

Günstig sind: 21.8., 11 bis 24 Uhr

Nach der Ernte sofort Zwischenfrüchte aussäen wie Lupine, Phacelia, Senf oder Leindotter.

Blatt-Samen-Ernte: 8.8., 13 bis 9.8., 5 Uhr, 25.8., 4 bis 14 Uhr

Blüten-Samen-Ernte: 1.8., 6 bis 12 Uhr und an den Blütentagen ab 11.8.

Stallfliegen: mit Fliegenfänger fangen und am 19.8., 4 bis 8 Uhr im Stall verbrennen.

Ameisen in Häusern: 24.8., 13 Uhr bis 27.8., 11 Uhr Uhr veraschen

Für Biodynamiker, Herstellung der vegetabilischen Präparate: 19.8. 4 bis 8 Uhr Lärche (Kamille), schneiden, füllen und in die Erde geben.(8).

Aussaattage September 2014

Dat.	☾ v. Sternb.	Konstellat.	Element ☾		Fruchtorganimpuls durch ☾ oder Planeten	Neigung
1. Mo	♏ 16	☉ - ☊ ☿☋	Li/Wa	Pflanzz.	------------------------- Pflanzzeit	St ɥ
2. Di	♏		Wasser		Blatt ab 5	St ɥ V
3. Mi	♐ 22	◡16 △	Wa/Wä		Blatt bis 10, ab 11 Frucht # Pflanzz. Ende 14	
4. Do	♐		Wärme		Frucht	K
5. Fr	♐		Wärme		Frucht bis 23	St V
6. Sa	♑ 00		Erde		Wurzel ab 00	St E
37. Woche						
7. So	♒ 21		Er/Li		Wurzel bis 18 ----------	St V
8. Mo	♒	Pg 6	Licht		--------- Blüte ab 18	St ɥ
9. Di	♓ 13	☺4	Li/Wa		Blüte bis 12, ab 13 Blatt	
10. Mi	♓	♀☍♆	Wasser		Blatt bis 24	St E
11. Do	♓	☋10 ♅●	Wasser		--------- Blatt ab 13	St K
12. Fr	♈ 3		Wa/Wä		Blatt bis 2, ab 3 Frucht	St
13. Sa	♉ 21	☿☍♅	Wä/Er		Frucht bis 20, ab 21 Wurzel	St ɥ
38. Woche						
14. So	♉	△	Erde		Wurzel - 8, von 9 - 19 Frucht, ab 20 Wurz.	St ɥ
15. Mo	♉		Erde		Wurzel	St
16. Di	♊ 17	☉ - ♍ ⌓8	Er/Li		Wurzel bis 16, ab 17 Blüte * Pflanzz. Beg. 10	
17. Mi	♊		Licht		Blüte	St E
18. Do	♊		Licht		Blüte bis 24	St ɥ
19. Fr	♋ 1		Li/Wa		Blatt ab 1	
20. Sa	♌ 19	Ag 17	Wa/Wä		Blatt bis 8, von 9 bis 19 Blüte, ab 20 Frucht	
39. Woche						
21. So	♌		Wärme	Pflanzzeit	Frucht	St V
22. Mo	♌		Wärme		Frucht	St E
23. Di	♍ 18		Wä/Er		Frucht bis 17, ab 18 Wurzel	St K
24. Mi	♍	●9	Erde		Wurzel	
25. Do	♍	☊20 △	Erde		Wurzel bis 15 ----------	
26. Fr	♍		Erde		Wurzel ab 00	K V
27. Sa	♎ 11		Er/Li		Wurzel bis 10, ab 11 Blüte	K
40. Woche						
28. So	♏ 21	♄●	Li/Wa		Blüte bis 4 und von 9 bis 20, ab 21 Blatt	St E
29. Mo	♏		Wasser		Blatt	
30. Di	♏	◡22	Wasser		Blatt # Pflanzz. Ende 20	St

Merkur	Venus	Mars	Jupiter	Saturn	Uranus	Neptun	Pluto
♍	♌	♎	♋	♎	♓	♒	♐
	24.♍	10.♏					

Notizen:

1. _____
2. _____
3. _____
4. _____
5. _____
6. _____

7. _____
8. _____
9. _____
10. _____
11. _____
12. _____
13. _____

14. _____
15. _____
16. _____
17. _____
18. _____
19. _____
20. _____

21. _____
22. _____
23. _____
24. _____
25. _____
26. _____
27. _____

28. _____
29. _____
30. _____

Monatsbetrachtung September 2014

Ein Wärmetrigon am 3.9. könnte dem September herrliches Wetter bescheren. Noch steht die Sonne im wärmenden Löwen, wechselt aber am 16.9. in die kalte Jungfrau. Merkur hält sich während des ganzen Monats in der kalten Jungfrau auf. Auch die Venus, noch im wärmeliebenden Löwen wandert am 24.9. in die kalte Jungfrau: Es könnte zu kühler Nebelbildung kommen.

Mars, in der Waage, wandert am 10.9. in den feuchten Skorpion. Jupiter im Krebs unterstützt ihn und beide zusammen könnten in der zweiten Monatshälfte für Niederschlag sorgen. Saturn in der Waage und Neptun im Wassermann bringen Lichtwirken in die Welt.

Uranus in den Fischen kann Regen zustande bringen. Pluto im Schützen verstärkt das Wärmewirken der Löwe- Konstellationen.

Pflanzzeit: vom 1.9., 00 Uhr bis 3.9., 14 Uhr und 16.9., 10 Uhr bis 30.9., 20 Uhr

Pflanzzeit südliche Erde: vom 3.9., 18 Uhr bis 16.9., 6 Uhr.

Für die **Obsternte** seien die Tage empfohlen, an denen der Mond vor dem Widder oder Schützen steht. Sehr günstig ist der 3.9., 11 Uhr bis 5.9., 23 Uhr, sehr günstg, und 12.9., 3 Uhr bis 13.9., 20 Uhr, 14.9., 9 bis 19 Uhr sehr günstig, 20.9., 20 Uhr bis 23.9., 17 Uhr.

Ansonsten: die übrigen Fruchttage

Die Ernte von **Wurzelfrüchten** an Wurzeltagen ist unübertroffen gut, wie Lagervergleiche mit Zwiebeln, Möhren, Rote Bete und Kartoffeln deutlich gezeigt haben.

In späten Lagen eignen sich gut für **Wintergetreideaussaaten** der 3.9., 11 Uhr bis 5.9., 23 Uhr, 12.9., 3 Uhr bis 13.9., 20 Uhr, sowie die anderen Fruchttage.

Der **Roggen** kann in Ausnahmefällen auch an Wurzeltagen gesät werden. Alle Pflegemaßnahmen sollten aber unbedingt an Fruchttagen durchgeführt werden.

Ameisenbekämpfung in Gebäuden: vom 3.9., 21 Uhr bis 5.9., 23 Uhr, 20.9., 19 Uhr bis 23. 9., 17 Uhr veraschen.

Schneckenregulierung: 19.9., 1 bis 20.9., 18 Uhr, 27.9., 18 bis 24 Uhr, 28.9., 21 Uhr bis 30.9., 24 Uhr.

Aussaattage Oktober 2014

Dat.☾ v. Sternb.	Konstellat.	Element☾	Fruchtorganimpuls durch ☾ oder Planeten	Neigung
1. Mi ♐ 5	☉ – ♍	Wa/Wä	Blatt bis 4, ab 5 Frucht	
2. Do ♐		Wärme	Frucht	
3. Fr ♑ 8		Wä/Er	Frucht bis 7, ab 8 Wurzel	St ♄
4. Sa ♑		Erde	Wurzel	St E
41. Woche				
5. So ♒ 6	△	Er/Li	Wurzel bis 2, von 3 bis 24 Blatt	
6. Mo ♓ 23	Pg12	Li/Wa	------------------------	
7. Di ♓		Wasser	Blatt ab 00	St V
8. Mi ♓	☺13 ☋20	Wasser	Blatt bis 9 und ab 23 △ ☾• ♁•	St E
9. Do ♈ 14		Wa/Wä	Blatt bis 13, ab 14 Frucht	
10. Fr ♈		Wärme	Frucht	
11. Sa ♉ 7		Wä/Er	Frucht bis 6, ab 7 Wurzel	V K
42. Woche				
12. So ♉		Erde	Wurzel	St
13. Mo ♉	⌂16	Erde	Wurzel bis 24 * Pflanzz. Beg. 18	St E
14. Di ♊ 1		Er/Li	Blüte ab 1	
15. Mi ♊		Licht	Blüte	
16. Do ♋ 8		Li/Wa	Blüte bis 7, ab 8 Blatt	
17. Fr ♋		Wasser	Blatt bis 24	E K
18. Sa ♌ 3	Ag9	Wa/Wä	Blüte von 1 bis 12, ab 13 Frucht	
43. Woche				
19. So ♌		Wärme	Frucht	St E
20. Mo ♌		Wärme	Frucht bis 8 -----------	
21. Di ♍ 1	☿☋	Wä/Er	Wurzel ab 20	
22. Mi ♍	☿•	Erde	Wurzel bis 20 --------	V K
23. Do ♍	☋3 ☉• ●23	Erde	Wurzel von 6 bis 20 ♀•	V K
24. Fr ♎ 18		Er/Li	Wurzel von 3 bis 17, ab 18 Blüte	St K
25. Sa ♎	♄•	Licht	Blüte bis 14 und ab 22	St K
44. Woche				
26. So ♏ 2		Li/Wa	Blüte bis 1, ab 2 Blatt	
27. Mo ♏		Wasser	Blatt # Pflanzz. Ende 24	
28. Di ♐ 9	☽2	Wa/Wä	Blatt bis 8, ab 9 Frucht	St
29. Mi ♐		Wärme	Frucht	
30. Do ♑ 13		Wä/Er	Frucht bis 12, ab 13 Wurzel	
31. Fr ♑		Erde	Wurzel	St E

Pflanzzeit

Merkur	Venus	Mars	Jupiter	Saturn	Uranus	Neptun	Pluto
♍	♍	♏	♋	♎	♓	♒	♐
	31.♎	24.♐	18.♌				

Notizen:

1. _____
2. _____
3. _____
4. _____

5. _____
6. _____
7. _____
8. _____
9. _____
10. _____
11. _____

12. _____
13. _____
14. _____
15. _____
16. _____
17. _____
18. _____

19. _____
20. _____
21. _____
22. _____
23. _____
24. _____
25. _____

26. _____
27. _____
28. _____
29. _____
30. _____
31. _____

Monatsbetrachtung Oktober 2014

Jetzt kommt der Herbst tatsächlich. Die Sonne steht während des ganzen Monats in der kalten Jungfrau. Auch Merkur hält sich in der kühlen Dame auf. Die Venus beginnt in der Jungfrau wandert aber am 31.10. in die lichte Waage. Mars, im feuchten Skorpion, wandert am 24.10. in den wärmenden Schützen.

Jupiter im Krebs wechselt am 18.10. in den sonnigen Löwen.

Ab 18.10. könnte es also wieder wärmer werden. Saturn in der Waage und Neptun im Wassermann tragen zusammen zum Lichtwirken bei. Uranus in den Fischen unterstützt das Regenwirken des Mars in Skorpion.

Pluto im Schützen unterstützt das Wärmewirken von Jupiter in Löwen und Mars im Schützen.

Für die **Lagerobsternte** eignen sich folgende Tage: 1.10., 5 Uhr bis 3.10., 7 Uhr, 9.10., 14 Uhr bis 11.10.14 Uhr bis 11.10., 6 Uhr, 19.10., 13 Uhr bis 20.10., 8 Uhr, 28.10., 8 Uhr bis 30.10., 12 Uhr, sowie alle Frucht- und Blütentage außerhalb der Pflanzzeit.

Wurzel-Samen-Ernte: an Wurzeltagen ab 21.10.
Blüten-Samen-Ernte: an Blütentagen ab 24.10.
Blatt-Samen-Ernte: an Blatttagen ab 26.10.
Alle abgeernteten Flächen sollte man mit Kompost versorgen, Fladenpräparat spritzen und in Winterfurche legen.

Pflanzzeit: vom 13.10., 18 Uhr bis 27.10., 24 Uhr

Pflanzzeit südliche Erde: vom 1.10., 1 Uhr bis 13.10., 14 Uhr und 28.10., 4 Uhr bis 31.10., 24 Uhr

Schneckenregulierung: 8.10., 23 Uhr bis 9.10., 13 Uhr, 16.10., 8 Uhr bis 18.10., 2 Uhr

Aussaattage November 2014

Dat. ☾ v. Sternb.	Konstellat.	Element ☾	Fruchtorganimpuls durch ☾ oder Planeten	Neigung
1. Sa ♒ 12	☉ - ♍	Er/Li	Wurzel bis 11, ab 12 Blüte	
45. Woche				
2. So ♒	☉ - ♎	Licht	Blüte bis 14 -----------	
3. Mo ♓ 6	Pg2	Li/Wa	----- Blatt ab 14	St ♄
4. Di ♓	♅●	Wasser	Blatt bis 15 und ab 23	
5. Mi ♈ 22	☋5	Wa/Wä	Blatt bis 1 und von 9 bis 21, ab 22 Frucht	
6. Do ♈	○23	Wärme	Frucht	K
7. Fr ♉ 16		Wä/Er	Frucht bis 15, ab 16 Wurzel	
8. Sa ♉		Erde	Wurzel	St ♄ V K
46. Woche				
9. So ♉		Erde	Wurzel	
10. Mo ♊ 9	⌒1	Er/Li	Wurzel bis 8, ab 9 Blüte * Pflanzz. Beg. 3	
11. Di ♊		Licht	Blüte	St ♄ K
12. Mi ♋ 16		Li/Wa	Blüte bis 15, ab 16 Blatt	
13. Do ♋		Wasser	Blatt	
14. Fr ♌ 10		Wa/Wä	Blatt - 9, von 10 - 18 Frucht, ab 19 Blüte	St V
15. Sa ♌	Ag3	Wärme	Blüte bis 6, ab 7 Frucht	St K
47. Woche				
16. So ♌		Wärme	Frucht	St
17. Mo ♍ 8		Wä/Er	Frucht bis 7, ab 8 Wurzel	St ♄
18. Di ♍		Erde	Wurzel	
19. Mi ♍	☊10	Erde	Wurzel bis 6 und ab 15	St V
20. Do ♍	☉ - ♏	Erde	Wurzel bis 24	
21. Fr ♎ 1		Er/Li	Blüte von 1 bis 6 -----	St ♄ E V
22. Sa ♏ 10	●14 ♀☋	Li/Wa	-----------------------	
48. Woche				
23. So ♏		Wasser	Blatt ab 3	
24. Mo ♐ 16	◡10	Wa/Wä	Blatt bis 15, ab 16 Frucht # Pflanzz. Ende 8	
25. Di ♐		Wärme	Frucht	
26. Mi ♑ 19		Wä/Er	Frucht bis 18, ab 19 Blatt	St ♄ V
27. Doi ♑	△	Erde	Blatt bis 4, von 5 bis 14 Wurzel	
28. Fr ♒ 18	Pg1 ☿☋	Er/Li	-----------------------	St V
29. Sa ♒		Licht	Blüte ab 3	
49. Woche				
30. So ♓ 12		Li/Wa	Blüte bis 11, ab 12 Blatt	

Pflanzzeit

Merkur	Venus	Mars	Jupiter	Saturn	Uranus	Neptun	Pluto
♍	♎	♐	♌	♎	♓	♒	♐
15.♎	14.♏						
26.♏							

Notizen:

1. _____
   _____
2. _____
3. _____
4. _____
5. _____
6. _____
7. _____
8. _____
   _____
9. _____
10. _____
11. _____
12. _____
13. _____
14. _____
15. _____
   _____
   _____
16. _____
17. _____
18. _____
19. _____
20. _____
21. _____
22. _____
   _____
23. _____
24. _____
25. _____
26. _____
27. _____
28. _____
29. _____
   _____
30. _____

Monatsbetrachtung November 2014

Es wird kalt. Die Sonne steht ab 1.11. in der Jungfrau und wandert am 2.11. in die lichte Waage, am 20.11. in den feuchten Skorpion. Somit ist Niederschlag angesagt: ob als Regen oder Schnee hängt davon ab, ob es Frost gibt oder nicht.

Auch Merkur beginnt in der kühlen Jungfrau, wechselt am 15.11. in die lichte Waage und landet am 20.11. auch im feuchten Skorpion. Die Venus wechselt am 14.11. auch von der lichten Waage in den wässrigen Skorpion.

Mars im Schützen bringt Wärme sowie auch Jupiter im Löwen. Saturn in der Waage und Neptun im Wassermann. Sie beide unterstützen das Lichtwirken.

Uranus in den Fischen fördert die Niederschläge, die als Schnee oder Regen kommen können. Pluto im Schützen unterstützt die Wärmefraktion von Mars im Schützen und Jupiter im Löwen.

Fazit: Es könnte ein vom Wetter her herrlicher November werden.

Die Blütentage in der Pflanzzeit eignen sich vorzüglich, um alle **Blumenzwiebeln** zu stecken. Sie lohnen es mit gutem Wachstum und kraftvollen Blütenfarben. Die restlichen Blütentage sollten nur als Ersatz betrachtet werden, denn diese Zwiebeln werden nicht die erwünschte Blühfreudigkeit hervorbringen.

Wenn es nicht schon im Oktober geschehen ist, sollte man alle organischen Abfälle sammeln und **Komposte** aufsetzen. Das Präparieren mit den biologisch-dynamischen Kompostpräparaten bringt eine schnelle Verpilzung und gute Umsetzungen. Auch die Anwendung des Fladenpräparates fördert die Rotteentwicklung. Jetzt können auch **Obst- und Waldbäumchen**, mit zusätzlicher Spritzung des Hornmist- oder Grubenpräparates (8), in der Pflanzzeit gesetzt werden. Der Schnitt der Zweige für **Advents- und Weihnachtsschmuck:** 24.11., 16 Uhr bis 26.11., 18 Uhr und 29.11., 3 Uhr bis 30.11., 11 Uhr

Der Schnitt von **Weihnachtsbäumen** für weite Transporte: an Blütentagen und 1.11., 12 Uhr bis 2.11., 14 Uhr, 10.11., 9 Uhr bis 12.11., 15 Uhr, 24.11., 16 Uhr bis 26.11., 18 Uhr.

Pflanzzeit: vom 10.11., 3 Uhr bis 24.11., 8 Uhr

Pflanzzeit südliche Erde: vom 1.11., 00 Uhr bis 9. 11.,22 Uhr und 24.11., 12 bis 30.11., 24 Uhr

Stallfliegen: 5.11.,20 - 23 Uhr, 6.11., 00 - 24 Uhr, 7. 11., 00 - 15 Uhr

Für Biodynamiker, Herstellung der vegetabilischen Präparate: 6.11., 00 bis 24 Uhr, 7.11., 00 bis 15 Uhr Birke (Schafgarbe) in die Erde geben (8)

Aussaattage Dezember 2014

Dat.☾ v. Sternb.	Konstellat.	Element☾	Fruchtorganimpuls durch ☾ oder Planeten	Neigung
1. Mo ♓	☉ - ♏	Wasser	Blatt bis 22	E
2. Di ♓	☊10 ♂⚹	Wasser	Blatt von 4 bis 6 und ab 14	St V
3. Mi ♈ 6		Wa/Wä	Blatt bis 5, ab 6 Frucht	St E
4. Do ♈	△	Wärme	Frucht bis 13, ab 14 Blatt	
5. Fr ♉ 1		Wä/Er	Blatt - 2, von 3 - 18 Wurzel, ab 19 Blatt ♄ E K	
6. Sa ♉	⊕14 △	Erde	Blatt bis 7, ab 8 Wurzel	

50. Woche

7. So ♊ 18	⌒10	Er/Li	Wurzel - 17, ab 18 Blüte * Pflanzz. Beg. 12	St
8. Mo ♊		Licht	Blüte	
9. Di ♊		Licht	Blüte bis 24	
10. Mi ♋ 1		Li/Wa	Blatt ab 1	St
11. Do ♌ 18		Wa/Wä	Blatt bis 17, ab 18 Frucht	
12. Fr ♌		Wärme	Frucht bis 15 -----------	E K
13. Sa ♌	Ag00	Wärme	Frucht ab 4	

51. Woche

14. So ♍ 17		Wä/Er	Frucht bis 16, ab 17 Wurzel	St
15. Mo ♍		Erde	Wurzel	E K
16. Di ♍	♌15	Erde	Wurzel bis 11 und ab 19	St
17. Mi ♍		Erde	Wurzel	
18. Do ♎ 10		Er/Li	Wurzel bis 9, ab 10 Blüte	
19. Fr ♏19		Li/Wa	Blüte bis 18, ab 19 Blatt	St
20. Sa ♏	☉ - ♐	Wasser	Blatt	

52. Woche

21. So ♏	⌣20	Wasser	Blatt bis 24	# Pflanzz. Ende 18	St
22. Mo ♐ 1	●3	Wa/Wä	Frucht ab 1	
23. Di ♐		Wärme	Frucht	St
24. Mi ♑ 2	Heiliger Abend	Wä/Er	Frucht bis 1, von 2 bis 6 Wurzel -----	Pg18
25. Do ♑	Weihnachten	Erde	Wurzel von 7 bis 23	
26. Fr ♒ 00		Licht	Blüte ab 00	St E
27. Sa ♓ 18		Li/Wa	Blüte bis 17, ab 18 Blatt	St

53. Woche

28. So ♓		Wasser	Blatt	St
29. Mo ♓	☊11 ♂⚹	Wasser	Blatt bis 2 und ab 14	St V
30. Di ♈ 12		Wa/Wä	Blatt bis 11, ab 12 Frucht	St
31. Mi ♈		Wärme	Frucht	

Pflanzzeit (vertical marking along 7.–21.)

Merkur	Venus	Mars	Jupiter	Saturn	Uranus	Neptun	Pluto
♏	♏	♐	♌	♎	♓	♒	♐
16.♐	9.♐	3.♑		3.♏			

Notizen:

1. _____
2. _____
3. _____
4. _____
5. _____
6. _____
   _____
7. _____
8. _____
9. _____
10. _____
11. _____
12. _____
13. _____
   _____
14. _____
15. _____
16. _____
17. _____
18. _____
19. _____
20. _____
   _____
21. _____
22. _____
23. _____
24. _____
25. _____
26. _____
27. _____
   _____
28. _____
29. _____
30. _____
31. _____

Monatsbetrachtung Dezember 2014

2 Blatttrigone am 4. und 6.12. könnten Niederschläge bringen. Ansonsten steht die Sonne im feuchten Skorpion, wechselt aber zum Glück am 20.12. in den wärmeliebenden Schützen. Merkur, auch im Skorpion, begibt sich am 16.12. in den Schützen. Venus im Skorpion bewegt sich am 9.12. auch in den Schützen. Mars im Schützen begibt sich am 3.12. in den kühlen Steinbock. Jupiter ist der Wärmebringer in diesem Monat er ist im Löwen Für Lichtwirken sorgt Saturn in der Waage, der aber bereits am 3.12. in den wässrigen Skorpion wechselt.

Pluto im Schützen arbeitet für die Wärmefraktion. Er hilft der Sonne ab 20.12., Merkur ab 16.12. und Venus ab 09.12. Es könnten noch einige schöne Wintertage geben!

Der Schnitt der Zweige für **Advents- und Weihnachtsschmuck und Weihnachtsbaumschnitt** für persönlichen Gebrauch: 22.12., 1 Uhr bis 24.12., 1 Uhr und den anderen an Blütentagen, dann bringen sie den schönen Duft.

Pflanzzeit: vom 7.12., 12 Uhr bis 21.12., 18 Uhr r

Diese Zeit bietet sich nochmals zum **Baum- und Heckenschnitt** an. Für Fruchtpflanzen Blüten- und Fruchttage bevorzugen.

Pflanzzeit südliche Erde: vom 1.12., 00 Uhr bis 7.12., 8 Uhr und 21.12., 22 Uhr bis 31.12., 24 Uhr

Schnecken veraschen südl. Erde: 1.12., 00 bis 22 Uhr. Der 10.12., 1 bis 24 Uhr ist sehr günstig. 11.12., 00 bis 17 Uhr

Blatt-Samen-Ernte südl. Erde: an den Blatttagen ab 10.12.

Frucht-Samen-Ernte südl. Erde: an den Fruchttagen ab 11.12.

Wurzel-Samen-Ernte südl. Erde: an Wurzeltagen ab 14.12.

Blüten-Samen-Ernte südl. Erde: an de Blütentagen ab 18.12.

Veraschen von Gefieder oder Fellen rotblütiger Schädlinge: 6.12., 5 bis 6 Uhr. Die Zeit ist sehr kurz. Das Holzfeuer so entfachen, dass bis um 5 Uhr rote Glut vorhanden ist (keine Holz-Grillkohle nehmen), dann die lufttrockenen Gefieder oder Felle auf die Glut zum veraschen legen. Um 6 Uhr muss der Veraschungsvorgang abgeschlossen sein !!!

Wir wünschen unseren Lesern eine gesegnete Advents- und Weihnachtszeit und beste Gesundheit für das neue Jahr 2015.

Roggenbrotherstellung

Weizen, Gerste, Hafer, Mais, Reis und Hirse lassen sich in der Schrot- oder Mehlmahlung gut mit Hefe oder Backferment backen, aber für Roggen muss man andere Methoden anwenden. Ansonsten haben finnische Forscher festgestellt, dass Krebsveranlagungen im Körper bei Roggenbrotgenuss verschwinden können. Ein ausführliches Roggenbrotrezept findet sich in unserer Schrift „Hinweise aus der Konstellationsforschung".(5) Der Roggen benötigt eine Raumtemperatur von +28° C. Wie erstaunt war ich, als mein Brot in Zeiten mit hoher Außentemperatur vom 1. Ansatz an in vier Stunden alle fünf Aufgänge hinter sich brachte. Es ist offensichtlich, dass das Aufgehen des Sauerteiges nicht nur auf das Mehl gut ausgebildeter Körner, sondern vor allem auf die richtige Wärmefrage zurückzuführen ist.

Pilzbefall an der Pflanze

Der Pilz hat in der Natur die Aufgabe, absterbendes Leben abzubauen. Er tritt bei der Kulturpflanze auf, wenn unreifer Mistkompost oder unverkompostierte tierische Körpersubstanzen wie Horn- und Knochenspäne usw. angewandt, aber auch, wenn die Samen bei ungünstigen Konstellationen geerntet wurden. Nach R. Steiner: „Wenn die Mondenkräfte auf der Erde zu stark werden...".(1) Man kann dann Tee von Ackerschachtelhalm kochen und den Boden damit dort spritzen, wo befallene Pflanzen stehen. Dann wird das Pilzniveau aus der Pflanze in den Boden heruntergeholt, wo es nämlich hingehört.

Zur Gesundung der Pflanze kann man beitragen, wenn man Brennnesseltee auf die Blätter spritzt. Die Assimilation wird gefördert und eine gute Durchsaftung angeregt, dann verschwinden auch die Pilze.

Günstige Erntezeiten für die Präparatepflanzen

Löwenzahnblüten,
deren Blütenmitte noch geschlossen sein muss, morgens an Licht-Blütentagen
Schafgarbenblüten
bei Sonne im Löwen, also Mitte August, an Wärme-Fruchttagen
Kamillenblüten,
kurz vor Johanni, an Licht-Blütentagen. Achtung: Bei zu später Ernte und beginnender Samenbildung sät man mit einem nicht gut gelungenen Präparat Kamille auf die Felder! Des Weiteren treten dann zu leicht Maden in den hohlen Köpfen auf.
Brennnesseln,
als ganze oberirdische Pflanze, beim ersten Blütenansatz an Licht-Blütentagen um Johanni
Baldrianblüten
an Licht-Blütentagen um Johanni
Alle Blüten auf Papier an schattigen Orten trocknen.
Eichenrinde
(Borke, kein Bast!) an Erd-Wurzeltagen

Die Pflege der Bienen

Das Bienenvolk lebt im Korb oder Kasten in Abgeschlossenheit zur Außenwelt. Als zusätzlichen Schutz kleidet es die Behausung mit Propolis aus, um Ungutes vom Volk fernzuhalten. Die direkte Verbindung zur Umwelt wird durch die Flugbienen hergestellt.

Möchte der Imker den Völkern kosmische Kräfte zugute kommen lassen, müsste er bei den Bienen eine ähnliche Situation schaffen, wie sie der Pflanzenbauer bei der Pflege der Pflanzen vornimmt. Er bearbeitet den Boden. Mit der Luft dringen kosmische Kräfte in den Boden ein, die dann von der Pflanze aufgenommen und bis zur nächsten Bodenbearbeitung genutzt werden können.

Der Imker muss die Behausung des Bienenvolkes öffnen und die Propolisschicht unterbrechen. Dadurch entsteht eine Störung, über die die kosmischen Kräfte den Weg in das Bienenvolk finden und bis zur nächsten Kontrolle wirken können. Auf diese Weise kann der Imker ganz gezielt den Bienen kosmische Kräfte vermitteln.

Nun ist es nicht gleichgültig, welche Umkreiskräfte über den Zeitpunkt der durchgeführten Pflegearbeiten impulsiert werden. Hier kann der Imker ganz bewusst eingreifen und die Tage für entsprechende Bearbeitung benutzen, die für die Entwicklung des Volkes und das Eintragen der Nahrungsstoffe für das Volk in dieser Entwicklungsphase von Bedeutung sind. Das Volk lohnt es dem Imker und gibt ihm von den eingetragenen und gut verarbeiteten Substanzen einen Teil des Honigs ab. Die Erd-Wurzeltage können für die Bearbeitung empfohlen werden, wenn die Völker stärker bauen sollen. Die Licht-Blütentagebearbeitung regt die Bruttätigkeit an und unterstützt den Völkeraufbau. Die Wärme-Fruchttagebearbeitung regt den Eifer zum Nektarsammeln an. Die wässrigen Blatttage sind sowohl für die Bearbeitung als auch für die Honigentnahme und das Ausschleudern des Honigs ungeeignet. Tage, die in unseren „Aussaattagen" weggestrichen sind, sollte auch der Imker nicht für die Völkerkontrollen benutzen.

Seit Ende der siebziger Jahre hat sich die Varroamilbe in den meisten europäischen Bienenständen ausgebreitet. Nach mancherlei Veraschungsvergleichen empfehlen wir, die Varroamilben wie bekannt zu veraschen und die verriebene, also eine Stunde lang dynamisierte Asche mit einem Salzstreuer ganz fein in die Wabengassen zu stäuben. Die Herstellung der Asche wie auch die Anwendung bei den Völkern verbleibt bei dem kosmischen Termin Sonne und Mond vor Stier.(3)

Die Einfütterung der Bienen

Für die Wintereinfütterung seien Pflanzentees als Zusatz empfohlen, die sich im Hinblick auf die Gesundheit der Völker über viele Jahre bewährt haben. Schafgarbe, Kamille, Löwenzahn und Baldrian benutzt man als Blütendroge und macht einen Aufguss mit kochendem Wasser, nach fünfzehn Minuten absieben. Brennnessel, Ackerschachtelhalm und Eichenrinde kalt ansetzen und aufkochen lassen, nach zehn Minuten absieben und der Futterflüssigkeit zusetzen. Drei Gramm der einzelnen Pflanzendroge und 1/2 Liter des einzelnen Tees reichen für 100 Liter Futterflüssigkeit. Dies ist besonders wichtig in Jahren, die zuletzt Blatttracht brachten (3). Hier soll nochmals auf eine Korrektur hingewiesen werden. In unserem Bienenbuch schreiben wir von 10 g der einzelnen Droge. Das ist nicht richtig! Diese Angabe geht auf eine andere Futtermenge zurück. Wie oben beschrieben sollen es höchstens 3 g sein. Wir bitten um Entschuldigung.

Das Werk Maria Thuns und die Isis-Medizin

Maria Thun hat mit ihrem Lebenswerk nicht nur wesentliche Grundlagen für die Landwirtschaft gelegt sondern auch für die Weiterentwicklung der anthroposophischen Medizin. Darüber soll im Folgenden berichtet werden.

Die anthroposophische Medizin entstand vor etwa hundert Jahren aus der Zusammenarbeit R. Steiners mit der Ärztin Ita Wegman. Steiner hatte durch seine Einweihung die Möglichkeit der übersinnlichen Wahrnehmung und war in der Lage, an das Mysterien-Wissen der alten Zeit anzuknüpfen und es durch seine eigene geistige Forschung weiter zu entwickeln.

Frau Wegman war über viele Jahre seine enge Mitarbeiterin auf medizinischem Gebiet und hatte 1921 eine eigene Klinik in Arlesheim gegründet, die in der Nähe von Dornach lag, wo Steiner wohnte. Dort setzte sie die neuen anthroposophischen Medikamente ein und konnte oft verblüffende Erfolge erleben. Alles geschah in Zusammenarbeit mit Steiner, bis dieser 1925 verstarb. Wo nötig, wurden die Medikamente und die Sichtweise auf die Krankheit verändert. Auf diese Weise intensivierte sich in Steiners letzten Lebensjahren, aufbauend auf seinen früheren geisteswissenschaftlichen Forschungen, die konkrete Ausarbeitung einer auf geistige Wahrnehmungen gegründeten Medizin.

Auch heute, nach etwa 100 Jahren, besitzen die geistigen Inhalte als Kernaussagen ihre Gültigkeit. Gleichzeitig zeigt sich aber, dass der Bezug zur heutigen Zeit und ihren veränderten Lebensumständen gesucht werden muss. Auch wenn es immer wieder erfreulicherweise zu großartigen Heilwirkungen kommt, so ist doch zu beobachten, dass viele Krankheiten auf die damals so wirkungsvollen Medikamente heute nur noch, wenn überhaupt, abgeschwächt ansprechen. Deswegen bezeichnet sich die Anthroposophische Medizin seit ca. zehn Jahren selber als Komplementärmedizin. Das lateinische Wort complementum bedeutet Ergänzung: Eine schulmedizinische Behandlung wird von anthroposophischen Medikamenten ergänzt. Das ist der gegenwärtige Sachverhalt, der sich aber nicht mit dem deckt, was Steiner und Wegman angestrebt haben. Sie wollten eine echte Alternative zur Schulmedizin, die von einem rein materialistischen Menschenbild ausgeht, mit einer spirituellen Medizin begründen, die auf einem materiellen und geistigen Menschenbild beruht.

Seit den Lebzeiten Steiners haben sich die Krankheiten verändert, indem sie sich von der entzündlichen zu der chronisch degenerativen Seite verschoben haben mit einem deutlichen Anstieg der bösartigen Erkrankungen. Die Erkrankungen des Immunsystems haben ebenfalls erst in den letzten Jahrzehnten zugenommen: Von der Nahrungsmittelallergie über die allergischen Hauterkrankungen bis hin zu den Autoimmunkrankheiten, wo die

Organe oder Gelenke durch das körpereigene Immunsystem zerstört werden. Hierbei gibt es keine Bakterien oder Viren, sondern der Körper greift sich selber von innen an. Des Weiteren sind völlig neue Krankheiten wie Borreliose oder Aids aufgetreten. Auch die Konstitution der Menschen hat sich deutlich verändert.

Aus all dem wird deutlich, dass die geistigen Inhalte zu den veränderten Lebensumständen der heutigen Zeit in Beziehung gebracht werden müssen, wenn man das ursprüngliche Ziel wieder anstreben möchte. Heute leben Menschen, die genau einen eigenen Zugang zu den Wesen und Inhalten der geistigen Welt haben. Es wurde deutlich, dass an der Weiterentwicklung der Heilmittel geforscht werden muss. Dazu gehört auch die Einbindung der kosmischen Kräfte, wie es Maria Thun schwerpunktmäßig für die Landwirtschaft ergriffen hat.

Auf dieser Basis entstand der Isis–Impuls, dessen Träger der 2008 gegründete Isis-Verein für zeitgemäßes Heilwesen in Hamburg ist. Auch wenn der Isis–Impuls sich zunächst den therapeutischen Themen zuwendet, so ist er nicht auf diese beschränkt, sondern kann sinngemäß auch für andere Lebensbereiche fruchtbar werden. Er ist so angelegt, dass er im weitesten Sinne einen Beitrag geben möchte zu der gegenwärtigen Existenzfrage, wie die Lebensgrundlage für den Menschen auf der Erde und im Sozialen erneuert werden kann. Darauf wird am Ende des Artikels noch einmal eingegangen werden.

Der Name Isis mag zunächst verwundern, weil er an die alte ägyptische Göttin erinnert. Die Isis als geistiges Wesen hat darüber hinaus aber auch eine Bedeutung für unsere Gegenwart und Zukunft. In allen alten Kulturen und Religionen gibt es hohe weibliche Göttinnen, die das Lebendige repräsentieren. Sie stehen für das Werden, das Wachsen und die Fruchtbarkeit auf der Erde. Im Christentum ist die Maria ursprünglich eine solche Gestalt, die aber in der konventionellen kirchlichen Tradition verfremdet wurde.

In dem bekannten Goethezitat „Das ewig Weibliche zieht uns hinan" wird auf die ursprüngliche Kraft des Weiblichen hingewiesen; ihm wird sogar eine wichtige geistige Kraft zugesprochen. Das urweibliche Prinzip zeigt sich in der Natur und ihrer Stofflichkeit. Die Stoffe der Erde sind im Kern ihres Wesens ebenso gut und göttlich wie das Nichtmaterielle, das rein Geistige. Sie sind auch aus dem Geistigen entstanden.

Es gibt im Gegensatz dazu die Auffassung in unserer Kultur, dass das Ideelle, der unsichtbare Geist höher gestellt sei als die Materie. Die Materie wird gegenüber dem Geist abgewertet, weil sie ihn in seiner Entfaltung behindert. Eine solche Auffassung führt im Extrem zur Askese, zur Weltverneinung und zum Zölibat.

Offensichtlich sieht Goethe das anders und auch der Isis–Impuls beruht auf der Auffassung, dass beide, der Geist und die Materie, grundsätzlich gleichwertig sind und sich gegenseitig brauchen. Daraus folgt auch, dass dem Irdischen kosmische Gesetze innewohnen und alles, was wir auf der Erde tun, eine Verbindung zu den Himmelskräften hat. Aus diesem Motiv heraus hat Maria Thun die Pflege der Erde und ihrer Geschöpfe an die Sternenkonstellationen angebunden.

Auch die Herstellung der Isis–Heilmittel beruht darauf, dass die Heilwirkung einer Substanz von den kosmischen Kräften verstärkt wird, wenn man diese Kräfte in den Herstellungsprozess einbindet. Es sind für die Herstellung der Heilmittel allerdings noch eine Reihe weiterer spezieller Konstellationsangaben wichtig, die über die Angaben im Aussaatkalender hinausgehen.

In einer Blüte kommen die Lichtkräfte der Pflanze besonders deutlich zum Ausdruck, sie korrespondiert daher mit den Blütentagen. An diesen Tagen steht der Mond in einem Sternbild mit Lichtqualität. Durch seine Vermittlung strahlen Lichtkräfte aus dem Kosmos auf die Erde ein und verstärken die irdischen Lichtkräfte. Ähnliche Wirkungen werden auch durch z. B. spezielle Planetenkonstellationen hervorgerufen. An solchen Tagen fühlen sich die elementarischen Wesen des Lichtes besonders wohl und arbeiten auf harmonische Weise an dem stofflichen und ätherischen Entstehen der Blüte.

Eine Blüte, die an einem solchen Tag geerntet wird, enthält starke und heilsame Lichtkräfte und eignet sich dazu, diese in den Menschen hineinzutragen. Das ist sehr wichtig, weil gerade heute der Mangel an Lichtkräften zu einer Reihe von Erkrankungen führt, wie zum Beispiel zu Beschwerden an Wirbelsäule, der Haut oder den inneren Organen.

Der Zeitpunkt, an dem ein Stein, eine Pflanze oder ein tierisches Ausscheidungsprodukt dem natürlichen Zusammenhang entnommen wird, ist wie ein offenes Fenster zu den Himmelskräften. Der Stand der Sternenwelt wird in diesem Moment als ein kosmischer Stempelabdruck eingeschrieben. Für die Geburt eines Menschen ist dies seit alten Zeiten als Horoskop bekannt.

Erläuterung: Man muss dabei beachten, dass sich das Horoskop auf die Sternzeichen bezieht, die nicht mit den Sternbildern übereinstimmen. Die Sternzeichen sind in den ersten vorchristlichen Jahrhunderten festgelegt worden und waren damals noch mit den Bildern weitgehend identisch. Heute gelten die Sternbilder im Aussaatkalender. Die Differenz zwischen Bild und Zeichen ergibt sich u.a. aus der Präzession (Schrägstellung) der Erdachse.

Ein weiterer, wichtiger Verarbeitungsschritt nach der Ernte ist das Potenzieren, das ebenfalls zur richtigen Konstellation stattfinden muss. Derjenige, der im Potenzieren geübt ist, kann den Einfluss der jeweiligen Tageskonstellation spüren, es ist ein schöner Moment, wenn der Mensch das, was er im Thun – Kalender gelesen hat, selber erlebt. Es ist während des Potenzierens auch erlebbar, wie sich ein Zusammenwirken der Konstellation mit dem Heilmittel von Potenzstufe zu Potenzstufe aufbaut.

Nun noch einmal zurück zu dem Beispiel der Blüte. Derzeit wird gerade ein neues Heilmittel entwickelt, das sich aus den Blütenblättern der weißen Rose und Wasserglas (einer Kieselsäureverbindung) zusammensetzt. Es wird abwechselnd an den drei Lichtsternbildern Wassermann, Zwillinge und Waage potenziert;

Weiße Rose   Foto: Engelbrecht

an jedem Tag wird nur eine Potenz hergestellt. *Jedes Lichtsternbild hat eine etwas ande-re Qualität, und diese drei verschiedenen Tingierungen des Lichtäthers werden gleich-mäßig in das Heilmittel eingearbeitet, weil die Reihenfolge der Lichtsternbilder genau ein-gehalten wird. Das chemische Herstellen des Wasserglases und das Pflücken der weißen Rose finden ebenfalls nach diesem Grundprinzip statt.*

An dieser Stelle wird deutlich, dass die Unterschiedlichkeit der drei Lichtsternbilder für die Heilmittel noch etwas differenzierter als für die Landwirtschaft eingesetzt wird. Prinzipiell ist es durchaus denkbar, dass auch in der Landwirtschaft diese Feinheiten zu bemerken sind.

Bei der fertigen Wasserglas/weiße Rose Rezeptur, die es in verschiedenen Potenzstufen gibt, zeigt die meditative Beobachtung, dass sie Lichtkräfte in das gesamte Nervensystems trägt. Das Gehirn wird durch sie erfrischt und es erholen sich das Gedächtnis und die Konzentrationsfähigkeit. Auch das vegetative Nervensystem regene-riert sich, der Mensch steigert seine Energie und kann sich gegen Stress und Nervosität besser abgrenzen. Die Lichtkräfte bewirken auch, dass alles Schädigende besser erkannt und dadurch ausgegrenzt werden kann.

Bei der Isis – Forschung sind wir oft selber überrascht, wie stark sich die kosmischen Qualitäten in die Rezepturen einprägen und wie positiv sich das in der Praxis auswirkt. Bei der Anwendung der Heilmittel, sei es durch Ärzte und Heilpraktiker, sei es durch die Menschen selber, zeigt es sich, dass sie tiefer und grundsätzlicher an seelische und kör-perliche Probleme herangehen, als es ohne die kosmische Komponente möglich ist. Im Rahmen der Kurse des Isis – Vereins werden dazu die Kenntnisse vermittelt und die meditativen Wahrnehmung geschult.

Analog zu der Blüte kann ich die anderen für die Therapie wichtigen Qualitäten her-einarbeiten. Wenn ich eine Wirkung auf die Lymphe und die Körperflüssigkeiten haben möchte, dann potenziere ich zu einem Zeitpunkt, wo der Mond eine wässrige Qualität ver-mittelt, also an einem Blatttag. Die Wärme, die für die Behandlung von Herzbeschwerden oder rheumatischen Prozessen benötigt wird, gewinnt man über die Fruchttage. Den Erdbezug, den ich für eine gesunde Festigkeit und Klarheit brauche, stellt man über Rezepturen an Wurzeltagen her. Es sind im Laufe der jetzt (2013) zehnjährigen Entwick-lung eine Vielfalt von Heilmitteln entwickelt worden und in einer Apotheke erhältlich.

Das Lebenswerk von Maria Thun möchte ich an dieser Stelle noch einmal in großer Hochachtung würdigen. Sie hat weit über das Gärtnerische und Landwirtschaftliche hin-aus eine neue Tür für das Leben geöffnet. Das Verbinden der Erde mit den heilenden, erneuernden Kräften des Kosmos hat sie mit ihrer intuitiven Kraft erforscht und in die praktische Anwendung gebracht.

Dass der Mond dabei eine Schlüsselrolle spielt ist nicht verwunderlich. Rein äußerlich ist er nach der Sonne der größte sichtbare Himmelskörper, der die meisten Wirkungen auf der Erde hinterlässt, wie man es an den Gezeiten oder bei dem weiblichen Menstruati-onsrhythmus ablesen kann.

Es gab schon in alten Zeiten Ausbildungsstätten, die sich den Mondmysterien zugewendet haben. Steiner spricht darüber, dass sich in Ephesus in Kleinasien eine solche vorchristliche Mysterienstätte befunden hat, in der die Artemis als die Göttin des Mondes verehrt wurde. Die Priester/innen konnten sich innerlich zum Mond begeben und von da aus den Kosmos mit seinen Engeln und Göttern studieren. Diese Mondenmysterien waren eine wichtige Grundlage für die damalige Kultur, nach ihnen wurden Gebäude errichtet, die Ernte festgelegt und die Feste gefeiert. In ihnen wurde auch der König über die Führung seines Volkes instruiert und die Heilungen der Kranken vollzogen und letztendlich waren sie auch wichtig für die Entstehung der Anthroposophie.

Neben den Mondmysterien gibt es die Sonnenmysterien, die die Sonne als Quelle der Einweihung nehmen. Diese sind mit dem Christus verbunden, der selber früher auf der Sonne gewohnt hat. Da der Christus die Zentralgestalt für die Entwicklung der Erde darstellt, sind auch diese Mysterien von großer Wichtigkeit. Steiner stellt sein Werk und seinen Weg zur geistigen Erkenntnis in diesen Zusammenhang. Das Streben nach dem reinen Geist, den spirituellen Wahrheiten, die ohne Materie in der rein geistigen Welt leben, ist das Gebiet, für das er tätig war.

Man kann den Sonnenweg als den mehr männlich orientierten Weg ansehen, während der Mondenweg der weibliche ist. Auch der Christus hat, um leiblich geboren zu werden, eine Mutter gebraucht. An dieser Stelle sieht man auf sehr einfache Weise, dass die Sonnenmysterien nicht im Gegensatz zu den Mondenmysterien stehen. Die beiden Wege sind keine Alternativen sondern brauchen sich gegenseitig, so wie der Tag die Nacht braucht. Sie haben, wie oben schon angeführt, aber unterschiedliche Gebiete, die sie bearbeiten. Die Weisheit, die in der Materie, in dem irdischen Leben wohnt, die erschließt sich über den weiblichen Weg.

Der christliche Weg als der Sonnenweg kann ohne die Ergänzung durch den Mondenweg nicht gedeihen. Die Mondenweisheit bereitet der Sonnenweisheit den Weg und macht ihr Wirken auf der Erde fruchtbar. Aus der Polarität zwischen den beiden entspringt die Quelle für schöpferische Möglichkeiten und die Freiheit. Das Wirken Ita Wegmans ist den Mondenmys-

terien zugeordnet. Auch der Isis-Impuls stellt sich in diesen Zusammenhang. Das Lebenswerk Maria Thuns ist ein wesentlicher Beitrag, um die mit den Mondenmysterien verbundene Weisheit in moderner Form zu erschließen.

Dr. med. Astrid Engelbrecht,
www.isis-verein.de

Porzellanmörser mit verriebenen Präparaten Foto: Engelbrecht

Maria Thuns Beziehung zu Naturheilverfahren und zur anthroposophischen Medizin.

In der Fragebeantwortung die Maria Thun im Anschluss an ihre Vorträge meistens ermöglichte, zeigte sich immer wieder die Verwunderung der Zuhörer über die Vielfältigkeit der Themen, die von ihr in den Darstellungen aufgezeigt wurden. So geht das Interesse bezüglich der verschiedenen Heilmethoden bis in ihre Kindheit zurück.

Sie war auf einem kleinen Bauernhof aufgewachsen, auf dem alle Familienmitglieder mitarbeiten mussten. Der einzige Tag an dem nicht gearbeitet wurde, war der Sonntag. Morgens wurden die Tiere wie Kühe, Schweine und das Federvieh versorgt. Danach war der Kirchgang selbstverständlich. Nach dem Mittagessen wurde, wenn es das Wetter zuließ, ein ausgedehnter Spaziergang gemacht. Dieser Gang war aber mehr eine Feldbegehung um zu sehen wie sich die Früchte auf den Äckern entwickelten. Der Spaziergang wurde in Begleitung der Patentante meiner Mutter gemacht, die sich sehr gut mit allen Kräutern auskannte die am Wegesrand oder auf den Äckern wuchsen. Ihr Interesse ging dahin, den Kindern die Kräuter zu zeigen und ihre Wirkung auf Tier und Mensch zu erklären.

So wurde bei Maria sehr früh das Interesse für Heilpflanzen entwickelt. Später, als etwa 14-jährige, gab sie dieses Wissen an verschiedene interessierte Frauengruppen weiter, die Heilpflanzen für Krankenhäuser sammelten. Die Krankenhäuser verwanden diese für verschiedene Teeanwendungen.

Als meine Mutter nach 1945 mit der Familie in Marburg sesshaft wurde, gelang es ihr drei kleinere Gärten einrichten zu können. Dort begann nicht nur die Erforschung der kosmischen Wirkung auf das Pflanzenwachstum, sie widmete sich auch verstärkt dem Kräuteranbau. In dieser Zeit machte sie jedoch auch neue Beobachtungen bezüglich der Taubildungen.

Ihre Mutter hatte ihr bereits in der Kindheit gezeigt, dass man an der Taubildung das Wettergeschehen des Tages ablesen konnte. So wusste man bei stärkerem Morgentau, der Tag würde sonnig und trocken werden. War jedoch morgens kein Tau zu beobachten, konnte man mit Regen rechnen.

Der bei ihr durch die Konstellationsversuche verstärkte Beobachtungsimpuls führte nun dazu, dass sie die Taubildung in der Gegenüberstellung zu den Mond-Tierkreisversuchen, ganz gezielt beobachtete. Hier stellte sie nicht nur fest, dass die Tautropfen z.B. in der Größe recht unterschiedlich waren, sondern auch, dass sich die Spiegelung der im Umkreis wachsenden Pflanzen in den Tropfen, in Färbung und Präzision unterschieden. Auch gab es Tage, an denen Maria Thun beobachten konnte, dass der Tau keine „Lust" zur Spiegelung hatte und dadurch fast silbrig-grau gefärbt erschien.

Tautropfen

Etwa Mitte der 1960er Jahre war Maria Thun zu einem Vortrag nach Eckwälden eingeladen worden. Dort sprach sie über die Konstellationsversuche und Beobachtungen, die sie bei der Tauentwicklung gemacht hatte. Unter den Zuhörern befand sich auch Dr. Rudolf Hauschka, der Begründer der Wala-Heilmittelbetriebe. Er war begeistert. Hatte er doch einen großen Teil seiner Forschung auf dem Gebiet der Haltbarmachung von Pflanzensäften gewidmet, die er auf der einen Seite durch rhythmische Bewegung und auf der anderen durch die Nutzung des Taus erreichte. Nach dem Vortrag blieb Maria Thun auf Wunsch Rudolf Hauschkas noch einige Tage in Eckwälden um den Zusammenhang zwischen kosmischen Konstellationen und der Taubildung genauer zu ergründen. So entstand eine rege Zusammenarbeit, die sich für beide Seiten als äußerst fruchtbar erwies.

Maria Thun hatte in der Marburger Arbeitsgemeinschaft für biologisch-dynamischen Gartenbau zwei Arbeitsgruppen gebildet. In der einen wurden gärtnerisch-, landwirtschaftliche Themen behandelt, in der anderen widmete man sich der Anthroposophie. Zu dieser Zeit hatte sie bereits mit Unkrautversuchen begonnen. Rudolf Steiner hatte in seinem „Landwirtschaftlichen Kurs" (1) darauf hingewiesen, dass man das Unkraut durch die Veraschung, Verbrennung der Unkrautsamen regulieren, jedoch nicht ausrotten könne. Da zu diesem Zeitpunkt das Unkraut im Land- und Gartenbau immer wieder zu regen Diskussionen führte, wurden umfangreiche Versuche von Maria Thun angelegt. Es zeigte sich jedoch, dass beim Veraschen nur sehr wenig Asche entstand und so wurde die „Hanemann'sche Potenzierungsmethode" mit einbezogen. Bei den Versuchen wurde also nicht nur die pure Asche, als Ursubstanz, angewandt, sondern auch aus ihr hergestellten Dezimalpotenzen bis hin zur D36 zur Anwendung gebracht. Die Ergebnisse zeigten, bei jeder angewandten Potenz, Unterschiede in der Pflanzenausgestaltung und Samenbildung.

Unter den Arbeitskreisbesuchern war auch Dr. Dietrich Boie, der eine Arztpraxis in Marburg unterhielt. Er war von dieser Arbeit begeistert. Dietrich Boie war auf dem Weg ein neues Heilmittel zur Krebsüberwindung zu entwickeln. So bat er Maria Thun in dem Entwicklungsteam mit zu arbeiten, weil die Erfahrungen mit den Potenzversuchen ihm sehr wichtig erschienen. Zu diesem anfänglichen Team gehörte seiner Zeit auch der Wasser- und Strömungswissenschaftler Theodor Schwenk (Das sensible Chaos) der viel Erfahrung mit der Wasserforschung erzielt hatte und dabei war Maschinen zur Wasseraufbereitung zu entwickeln. Durch diese Zusammenarbeit mit Dietrich Boie, der später die Helixor-Heilmittel begründete wurde das Interesse Maria Thuns zur Mistelforschung entfacht, was letztendlich bis in ihre letzten Lebensjahre von Bedeutung war.

Nachdem das Mistelpräparat Helixor fertiggestellt und erprobt war, war es das erste Krebsheilmittel, von der Mistel ausgehend, das offiziell zu Heilzwecken in Deutschland anerkannt und zugelassen wurde.

So zeigt sich, wie sich, das durch die Patentante geweckte Interesse, durch das ganze weitere Leben Maria Thuns hindurch, bis hin zur Mistelverarbeitung gesteigert hatte. Diese Entwicklung war allerdings nur durch die erfolgreichen Konstellationsversuche möglich, da ohne deren Ergebnisse eine erfolgreiche Heilmittelherstellung auf anthroposophischem Hintergrund und der Mithilfe der Geistwelt, kaum möglich war.

Maria Thun, im Gespräch mit Dr. Hartmut Ramm, zur Besichtigung des Mistel-Schaugartens des Instituts „Hiscia" in Arlesheim/CH. Dort wurde das Mistelheilmittel Iscador entwickelt.

Bild oben: ältere Mistel

Bild unten: Junge Mistel auf Tanne

Bericht über den französischen Weinbau

Mit großer Dankbarkeit und Verehrung denken wir an sie zurück, sie, die uns im täglichen Leben auf unserem Weinberg an der Loire zunächst aufgeweckt und dann begleitet hatte.

Es gab eine Zeit in den 80er Jahren, in denen Frau Thun in Begleitung von Matthias, ihrem Sohn, regelmäßig Frankreich bereiste, um den hier lebenden Bäuerinnen und Bauern unter die Arme zu greifen und sie mit ihren Wissen zu bereichern.

1986 hatten wir das Glück, Maria Thun auf unserem Weinberg das erste Mal begrüßen zu dürfen und anschließend kam sie jedes Jahr wieder, um mit den im Westen Frankreichs lebenden Bauern und Winzern Erfahrungen auszutauschen und mit ihrer warmherzigen Engelsgeduld und konzentrierter Disponibilität die endlosen Fragen der Landwirte zu beantworten.

Maria und Matthias Thun kamen gerne zu uns. Es gab in unserem französisch-deutschen Haushalt keine Sprachbarrieren. Wir kochten literweise Kaffee, der so gerne von ihr in den Pausen der Seminare getrunken wurde. Unser, aus dem 12 Jhdt im Weinberg eingebettetes kleines Zisterzienser Kloster, gewann seine ursprüngliche Funktion einer Ausbildungsstätte zurück.

Es waren wunderbare Jahre und nach jedem Besuch ging man für die zwölf folgenden Monate gestärkt weiter.

Wie viel haben wir von ihr gelernt, was im täglichen Leben hilfreich einzusetzen galt. Über die Eierschalen, durch welche die radioaktive Strahlen nicht wirken können und wie kostbar sie seien, dass man sie in den Wasserkessel auf den Herd geben soll und dieses angereicherte Wasser für Kaffee, Tee und Suppen verwenden solle. Einer von zahlreichen Ratschlägen, die wir notierten!

Vor 40 Jahren hatte Maria Thun die Bäuerinnentagung gegründet, es war in der Schweiz. Sie wollte damit den Bäuerinnen die Möglichkeit geben, sich zu treffen, Erfahrungen auszutauschen und eine Schulung zu erhalten. Sie fand, die Bäuerinnen kämen zu kurz und nun solle auch mal der Bauer zu hause bleiben und sich um die Kinder, Haus und Hof kümmern. Das Zeitalter der Frau sei herangereift, erklärte sie uns!

Schnell wurde diese Tagung international und sie findet bis zum heutigen Tag jedes Jahr im November und immer an verschiedenen Orten und Ländern wohlbesucht statt.

Was für eine großartige Lebensaufgabe! Es gibt kaum Worte, diesen Einsatz zu beschreiben. Balsam auf unsere Seelen, unsere Äcker und Weinberge

Coraly Joly
Vignoble de la Coulée de Serrant
F- 49170 Savennières

Im Weinberg der Familie Joly
Foto: Virginie Joly

Über die Zusammenarbeit mit unseren französischen Freunden.

Frankreich war für uns immer ein besonderes Land, da dort das Interesse an den Konstellationsversuchen und deren Ergebnisse sehr früh zu wachsen begannen. Zurück zu führen war es auf zwei Persönlichkeiten die, nachdem sie unsere Arbeit kennengelernt hatten, diese von den Vogesen ausgehend in den französischen Sprachraum einfließen ließen. Es waren Jeanette Zimmermann und Harald Kabisch.

Harald Kabisch war Berater für die biologisch-dynamische Landwirtschaftsmethode in Bayern und in den Vogesen. Dort arbeitete er mit Jeanette Zimmermann zusammen, die zu dieser Zeit maßgeblich in der französischen Weleda tätig war, und sich auch um die Hausgärtner und Gärtner kümmerte, die biologisch oder biologisch-dynamisch arbeiteten.

Harald Kabisch war ein Freund unserer Familie und so kam er regelmäßig zu uns um die Konstellationsversuche von Maria Thun zu beobachten. Von den Ergebnissen war er so angetan, dass er meine Mutter, Maria Thun, dazu überredete ihre Erfahrungen in seinem „Gartenrundbrief" zu veröffentlichen, damit die Hausgärtner, Gärtner und Landwirte danach arbeiten konnten.

Der Erfolg, der sich bei den Praktikern zeigte machte meiner Mutter nun Mut, ihre Erfahrungen in ganz einfacher Form zu drucken und den Praktikern zur Verfügung zu stellen. Dies war vor nun mehr 52 Jahren.

Kurz darauf wurden durch die Initiative von Jeanette Zimmermann und der Mutter von Georges Paulus die „Aussaattage" in die französische Sprache übersetzt.

Der Erfolg, den die Praktiker hatten war so groß, dass sich die Vortragstätigkeit Maria Thuns, von den Vogesen ausgehend nun über ganz Frankreich ausdehnte und besonders von Michel Leclaire, Claude Monziès und Xavier Florin unterstützt wurde.

Anfangs hatte sich meine Mutter bei den Vorträgen nur auf den Gartenbau und die Landwirtschaft konzentriert. Je weiter sich die Vortragstätigkeit in das Landesinnere und auch nach Süd-Frankreich ausdehnte, waren unter den Zuhörern zunehmend Weinbauern, die im Laufe der Zeit immer intensiver ihre speziellen Fragen einbrachten. Um dieser Berufsgruppe gerecht werden zu können, begann die Zeit der Weinbauerntagungen.

Ganz besonders aktiv waren Nicolas Joly und seine Frau Coraly und Fransois Bouchet. Sie organisierten wiederholt Tagungen mit meiner Mutter, wodurch die Ergebnisse der Konstellationsforschung im Zusammenhang mit der biologisch-dynamischen Wirtschaftsweise sich in unglaublicher Weise im französischen Weinbau ausbreiteten. Die Erfolge waren so fantastisch, dass Nicolas Joly und Fransois Bouchet sehr intensiv in die Beratung einstiegen. Die Beratertätigkeit von Nicolas Joly dehnte sich sehr bald weit über die Grenzen Frankreichs aus. Er hat all seine Erfahrungen inzwischen auch in Buchform niedergeschrieben (z.B. „Beseelter Wein, Biologisch-Dynamischer Weinbau"), die in verschiedenen Sprachen erhältlich sind.

Diese Initiative hat nicht nur zur Gesundung im Anbau des Weines beigetragen, sondern auch dem Wein zu neuen und gleichwohl auch zu den alten, ehemals bekannten Geschmacksnuancen geführt, wodurch die Ausbreitung dieser Wirtschaftsweise im Weinbau sehr stark wurde.

So mancher deutscher biologisch-dynamischer Landwirt wollte es nicht verstehen, warum Maria Thun sich so in der Weinbauernberatung aktiviert hat. Sie vertrat dann immer wieder die Ansicht: Wenn aus einer biologisch-dynamischen Braugerste ein besseres Bier gebraut werden kann, wird man aus ebenso angebauten Weinstöcken auch einen besseren Wein „zaubern" können. Der Erfolg der Weinbauern sollte ihr Recht geben.

When wine tastes best: Wann schmeckt der Wein am besten?

Ein biodynamischer Kalender für Weintrinker, der im Verlag Floris Books florisbooks.co.uk erscheint. *Ein kleiner Auszug:*

Beeinflusst der Tag, an dem Sie eine Flasche Wein trinken möchten, den Geschmack des Weines? Schon seit einigen Jahren sind unsere großen Supermärkte dieser Meinung. Sowohl Tesco als auch Marks & Spencer machen Verkostungen für Weinkritiker nur noch an Tagen, an denen, nach diesem Kalender, die Weine am besten sind. Und zwischen diesen Tagen verkaufen diese Supermärkte ein Drittel des Weines, der im Vereinigten Königreich getrunken wird. Wahrscheinlich sind sie da auf etwas gestoßen – etwas, wofür es Zeit wird, dass wir anderen es herausfinden.

... die besten Zeiten sind an Blüten- und Fruchttagen ...

Es macht ja nicht's ob man diese ganze Theorie glaubt oder nicht. Schließlich dachten ja die Wissenschaftler einst, dass die Sonne sich um die Erde dreht. Worauf es ankommt ist es selbst zu probieren um den Unterschied zu schmecken.

Erfahrungen mit der Anwendung des Thunkalenders in Ägypten

In der biologisch-dynamischen Landwirtschaft in Ägypten haben wir folgendes System entwickelt: Wir achten auf die in den Aussaattagen angegebenen Tage bei der Aussaat.

Spritzen das Hornmistpräparat (entweder direkt nach der Aussaat mit der Bewässerung oder sobald der Acker nach der Bewässerung wieder ein Betreten oder Befahren erlaubt).

Spritzen das Hornkiesel 3x hintereinander bei Mond in verschiedenen den Tierkreiszeichen des jeweiligen Trigons, beginnend, wenn die Pflanze das zweite oder 3.Blatt ausgebildet hat.

Dazu haben wir auch vergleichende Versuche gemacht und haben den Einfluss der richtig gewählten Tage deutlich erfahren können. Hier einige Versuchsbeschreibungen und Ergebnisse:

Kartoffeln mit Hornkiesel an Wurzeltagen und ohne Hornkiesel

Die Kartoffeln waren alle am gleichen Tag gesetzt und mit Hornkiesel behandelt worden. Nachdem das 2. Blattpaar voll ausgebildet war, wurde die eine Hälfte des Ackers an 3 aufeinanderfolgenden Wurzelperioden mit Hornkiesel behandelt (am 11.11., 22.11., 29.11.2003). Am 22.11. konnte noch dazu gehackt werden. Bei der Ernte brachte die Hälfte mit dem Kiesel einen deutlich höheren Ertrag, außerdem war die Konsistenz und der Geschmack deutlich unterschiedlich. Bei der anschließenden Lagerung im Kühlhaus bei 4° war ein großer Unterschied:

Kartoffeln

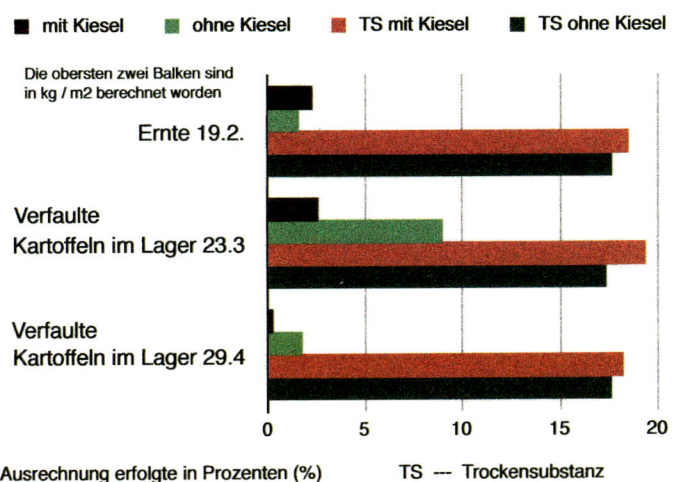

Die Ausrechnung erfolgte in Prozenten (%) TS --- Trockensubstanz

Alexandrinerklee mit Hornkiesel an Blatttagen, an Wurzeltagen und ohne Hornkiesel

Der Klee wurde einheitlich an einem Blatttag gesät und das Feld mit Hornmist gespritzt. Dann wurde ein Teil nicht weiter behandelt, ein Teil 3x mit Hornmist an Blatttagen und der dritte Teil 3x mit Hornmist an Wurzeltagen gespritzt.

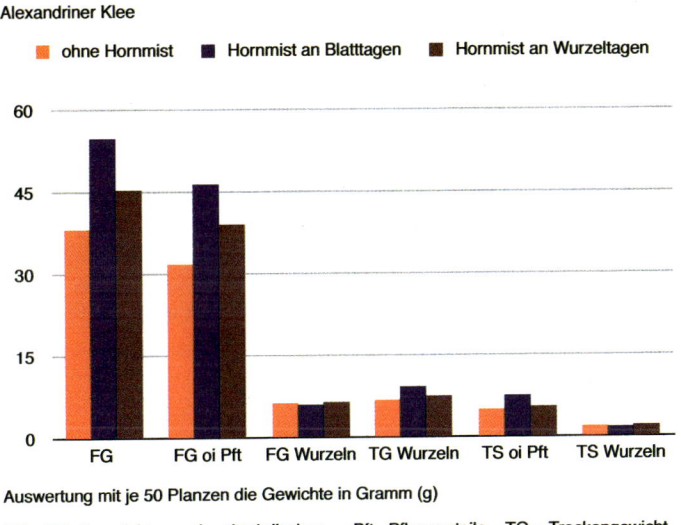

Auswertung mit je 50 Planzen die Gewichte in Gramm (g)

FG = Frischgewicht   oi = oberirdischen   Pft =Pflanzenteile   TG = Trockengewicht
TS = Trockensubstanz

Anisanbau

Wir kultivierten Anis mit verschiedenen Behandlungen und konnten Unterschiede in der Erntemenge feststellen:

	1.Variante	*2.Variante*	*3.Variante*
Aussaat	*Fruchttag*	*Fruchttag*	*Blütetag*
Hornmist	*--*	*Fruchttag*	*Blütetag*
Hornkiesel	*--*	*3x an Fruchttagen*	*3x an Blütetagen*
Ernte	*Fruchttag*	*Fruchttag*	*Blütetag*
Erntemenge	*450kg*	*564kg*	*480kg*

Dr. Ibrahim Aboubleish und seinen Mitarbeitern möchten wir ganz herzlich für diesen Bericht über die Versuchsarbeit auf der Sekemfarm danken.

Unsere Erlebnisse und Erfahrungen von den ersten Sekem-Besuchen

Im Spätsommer 1997 hatte Maria Thun in München einen Vortrag über ihre Konstellationsforschung. In ihren Ausführungen sprach sie auch die Beobachtungen an, die sie im feinen Sand an der Westküste der Insel Sylt gemacht hatte. Dort entstanden bei ablaufendem Wasser, also bei Ebbe, bildschöne Formen im Sand, die sich nach dem Vorbeigang des Mondes jeweils vor einem anderen Sternbild veränderten. Diese Beobachtungen konnten jeweils im Frühjahr und Herbst wenn wir auf der Insel waren, bestätigt werden.

Am Ende des Vortrags kam das Ehepaar Brand auf meine Mutter zu. Sie waren von den Darstellungen so begeistert, dass es ihnen gelang sie zu überreden auf der Sekemfarm in der Ägyptischen Wüste, über diese Erfahrungen zu berichten.

Der Ehemalige Berater für die biologisch-dynamische Wirtschaftsweise im Mittelmeerraum, und somit auch für Sekem, Georg Merckens, hatte zwar auch mehrmals den Versuch unternommen Maria Thun zur Sekemfarm zu holen, scheiterte jedoch immer an der mehr oder weniger vordergründigen Ablehnung, dass ihr das Klima zu heiß sei.

Claus-Michael Brand war Zahnmediziner und mit der Entstehungsgeschichte der Sekemfarm vertraut, da er dort die zahnmedizinische Abteilung im Medical-Center einrichtete. Das Medical-Center ist eine Einrichtung die durch die Initiative von Dr. Hans Werner entstand. Dort werden unter anderem auch die Bewohner der angrenzenden Dörfer medizinisch versorgt. Am 17.11.1997, an dem Tag des Anschlags bei Luxor, sollte der Flug nach Kairo stattfinden. Am Flugplatz in München wurden wir auch gleich im Stand der ägyptischen Fluglinie von Radio und Fernsehjournalisten „empfangen", die uns unbedingt vom Abflug abraten wollten, was ihnen jedoch nicht gelang.

Als wir dann in einem nur spärlich besetzten Flugzeug in Kairo landeten wurden die Bedenken meiner Mutter bezüglich der Temperatur bestätigt. Obwohl wir schon November hatten und es bereits Nacht war, schlug uns beim Verlassen des klimatisierten Flugzeuges eine Hitzewelle entgegen, die uns fast den Atem nahm.

Nach einer sehr zügigen Zollabfertigung und etwa 45 minütiger Taxifahrt in südlicher Richtung durch die Wüstenregion, kamen wir auf der Sekemfarm an. Wir wurden mit einem köstlichen Nachtmahl empfangen und versuchten den Rest der Nacht im damals noch nicht klimatisierten Gästehaus zu verbringen.

Da meine Mutter eine Frühaufsteherin war beendeten wir gegen 5:30 Uhr die Nacht und machten einen „Schnupperspaziergang" über einen Teil der Farm. Was uns hier begegnete hatte entgegen unseren Vorstellungen absolut nichts mit einer Farm in der Wüste Ägyptens zutun. Es war eine Wachstumsfreude ausstrahlende Oase, was uns gänzlich überwältigte.

Nach einer überaus herzlichen Begrüßung durch Ibrahim Abuleisch und seine Mitarbeiter begann gegen 7 Uhr der alltägliche „Sekem Alltag". Zu unserer Überraschung trafen wir dort den Sohn Georg Merckens' Klaus Merckens, der dort die Arbeit seines Vaters übernommen hatte.

Der erste Tag war mit einer ausgedehnten Besichtigung des Betriebes und einer Ruhepause zur Gewöhnung an die Temperaturen ausgefüllt.

Morgenstimmung auf Sekem, das Gästehaus

Für Maria Thun stand jedoch eine große Frage, verbunden mit einer gewissen Skepsis im Raum. Wie sollen in diesem Sandboden die kosmischen Kräfte zur Wirkung kommen können. Aus ihren Versuchserfahrungen war ihr bewusst, dass erst ab einem Anteil von 1,4 % pflanzenverfügbaren Humuses, der Kosmos sich frei entfalten kann.

Diese Erfahrungen hatte sie schon Anfang der 1950er Jahre in ihren Versuchsgärten in Marburg gesammelt. Es waren drei Gärten, einer in süd-östlicher Richtung am Fuße des Schlossberges am Gartenweg, einem ehemaligen Gärtnereibetrieb, der andere mit geringerem Humusgehalt in süd-westlicher Richtung unterhalb des Ortenberges bei „Opa Hillen". Der ältere Herr hatte immer eine grüner Schürze an, weiße Haare und einen Strohhut auf, kurz, er sah so aus wie man sich als Kind einen Gärtner vorstellt. Der Dritte Garten lag in nord-östlicher Richtung am „Galgenberg", geprägt durch Schatten spendende Hecken bei Frau Lind. Alle Gärten hatten Sandboden der jedoch durch die Himmelsrichtung und unterschiedliche Kompostdüngung vom Charakter her unterschiedlich waren. Weitere Erfahrungen mit Sandböden hatte Maria Thun auf dem Hof der Eltern machen können. Viel später, Ende der 1980er Jahre, kamen die Erfahrungen auf der Insel Sylt bei Elisabeth und Heinrich Gröhnwoldt hinzu, die sich auf dem Hof mit lehmigem Sand auseinander setzten mussten.

Nun wurden wir beim Besichtigungsgang über die Farm immer wieder aufs neue überrascht. Um alle Ackerflächen waren Baumhecken, die inzwischen zu Alleen herangewachsen waren, gepflanzt worden. Um die Flächen war ein ausgeklügeltes, bestens funktionierendes Graben-Bewässerungssystem angelegt, wodurch ein hervorragendes Kleinklima erzielt wurde und zu einer starken Taubildung mit beitrug. Für die notwendige Humusbildung im Boden sorgten nicht nur die Wurzelrückstände abgeernteter Pflanzen sondern auch die Möglichkeit ausreichend Kompost ausbringen zu können. Diese Komposte rührten aus großzügig angelegten Komposten her, die je nach Sonnenstand auch genügend Schattenwirkung aufnehmen konnten. Diese Kompostanlage wurde in der Anfangszeit der Farm durch die Gärtnerin Frieda Gögler veranlagt und später durch Georg Merckens in der damaligen Pracht weiter entwickelt. Die Komposte setzten sich aus Pflanzenabfällen, Kuh-, Wasserbüffel-, Kamel-, Ziegen- und Hühnermist zusammen.

Beim Anblick dieser Kompostanlage kehrte bei meiner Mutter innerliche Ruhe ein, denn nun konnte sie sich gut vorstellen, dass der Kosmos in solchen, mit Kompost gepflegten Böden wirken wird.

Eine weitere Frage, die meine Mutter bewegte war das Wasser. In der Anfangszeit ihrer Versuche hatte sich gezeigt, dass wenn man die Pflanzen beregnet die Mond-Tierkreiskräfte überdeckt und die Mondphasen sichtbar werden. Nach genauerer Betrachtung und Erläuterung von Klaus Merckens konnten diese Bedenken ausgeräumt werden. In der Anfangszeit der Farm wurden die Flächen auch beregnet, was jedoch sehr schnell zur Versalzung der Böden führte. Daraufhin wurde die alte Graben-Sickerbewässerung wieder kultiviert. Bei dieser Bewässerungsart läuft das Wasser durch schmale etwa 40 cm breite Gräben, die durch eine

ausgeklügelte Technik, durch anstauen das Wassers auf die fast waagerecht angelegten Feldflächen geleitet wird und so langsam versickern kann, wodurch der Versalzung vorgebeugt wird.

Bei allen, auf die Landwirtschaft bezogenen Arbeiten ist seid der Gründung der Farm Angela Hoffmann mitbeteiligt, die sich abwechselnd mit Klaus Merckens um uns kümmerte und uns so einen vielseitigen Eindruck von der Arbeit auf der Farm verschaffen konnte.

Wir waren bis zum Jahr 2004 mehrmals auf der Farm um auch die dort eingeleitete Versuchsarbeit mit begleiten zu können.

Maria Thun im Gespräch mit Kräuter-Züchtern am Versuchsfeld Heliopolis/Kairo

Wilhelm Volz über seinen gärtnerischen Erfahrungsschatz

Nach der Rückkehr von der Wehrmacht am 20. Mai 1945 waren in Crailsheim 93 % der Gebäude zerstört, die Gewächshäuser und Frühbeete ohne Glas und deren Flächen mit unzählbaren Glassplittern übersät. Notdürftig flickten wir ein kleines Anzuchthaus aus vorhandenen Glasstücken zusammen und versuchten die Gärtnerei wieder in Gang zu bringen.

Neben dieser äußeren Situation las ich geisteswissenschaftliche Schriften und besuchte die beiden Einführungskurse 1947 und 1948 in die biologisch-dynamische Wirtschaftsweise, die im Gebäude der Weleda im Adelheidweg in Stuttgart stattfanden. Wir betrieben eine umfangreiche Kompostpflege, machten Mistkomposte, Laub- und Nadelerden für Topfpflanzen und mischten die Substrate selbst. Wir konnten uns aber nicht vorstellen, wie beispielsweise Starkzehrer Blumenkohl seine Größe erreicht nur mit Kompostdüngung. Dies herauszufinden bei den Adventstagungen zum Beispiel in Zwingenberg oder Rüsselsheim ist mir nicht gelungen. Organische Dünger oben aufgestreut führen zu Pilzbefall.

Bei diesen Tagungen war auch Franz Rulni, der mir seinen Kalender erklärte. Das Obsi und Nidsi, der Auf- und Abstieg des Mondes war mir schnell vertraut und ich wurde nebenbei ein gefragter Wetterprophet. Um mich in die Aussaattage nach Maria Thun einzuleben brauchte ich länger, war doch ein astronomisches Vorstellungsvermögen nötig.

Als ich letzteres zu haben glaubte, erklärte ich die "Hinweise aus der Konstellationsforschung" einer Auszubildenden. Am Jahresanfang wurden die Termine angekreuzt, die Samen-Menge jeweils festgelegt. Zum Saat-Tag füllten wir die Kistchen mit vorgemischter, humoser Erde.

Der Kalender brachte uns eine nicht zu unterschätzende Rationalisierung im vorbereiteten Ablauf, ein sehr gutes, gleichmäßiges Keimergebnis. Das Pikieren und Terminieren für den Verkauf wurde überschaubar. Auch feine Samen säten wir selber.

Die sechs Heilkräuterpräparate steuern die Umsetzung in der Mistmiete und im Komposthaufen. Beim Ausbringen aufs Feld bewirkt der gehaltvollere Dünger ein gesteigertes Pflanzenwachstum und durch die Strahlkraft der Heilpflanzen-Präparate eine Steigerung der Tätigkeit im Mutterboden. Wenn letztere in der Gegenwart schwächer scheint, liegt dies an den stark zunehmende negativen Einflüssen. Mit anderen Worten: Heute müssen mehr Präparate angewendet werden um die selbe Wirkung zu haben wie vor 65 Jahren.

Auch hierfür wurde das Fladenpräparat von Maria und Matthias Thun entwickelt. Günther Graf v. Finckenstein brachte dies dann auf großen Flächen aus (Düren -Brodowin -Trossin) und erreichte erstaunliches. Hierfür bastelte ich mir einen Anhänger – zwei Räder mit Deichsel unter der würfelförmigen Gitterpalette, 1000 Liter – an den Kleintraktor oder den VW-Golf. Hiermit spritzte ich eine zum Futterbau umgebrochene flach gründige 3 ha große Wiese mit dem schlechtesten Boden in der ohnehin bescheidenen Markung. Nach einigen Jahren sind die groben Bollen einer feinkrümeligen Struktur gewichen. Ein anderer Bauer konnte zwei Felder pachten, weil der Vorgänger so lange Mais auf Mais angebaut hatte, bis nichts mehr wuchs. Er säte Luzerne mit Gras an. Im Mai 2012 wurde knapp die Hälfte dürr. Ich schaute mir das Feld an, und hatte auch keine Hoffnung, spritze aber trotzdem, wie oben beschrieben 140 l ha Fladenpräparat nach Maria Thun. Im August, ohne nennenswerten Regen, war die Fläche wieder gleichmäßig grün und konnte im September abgeerntet werden.

Dr. Johannes Fetscher berichtete mir um 1990 vom Pflanzenschutz in der Gärtnerei Lichtenberg. Aus dem Torfsubstrat kam eine Invasion von Trauermückenlarven. Vor Ort in Dortmund suchte ich weitere Information zu bekommen, doch Herr Lichtenberg lebte nicht mehr. Er hatte an 3 Abenden hintereinander Präp.500 Hornmist auf die befallenen Pflanzen gespritzt und damit die Trauermücken unter die Schadschwelle gedrückt. Ich besuchte noch weitere Betriebe. Im Windrathertal erfuhr ich vom Möhrenkönig, der die besten Möhren erntet und auch an andere Hofläden verkaufte, den ich noch nicht kannte. Axel Schulze aus Dormagen verkaufte seine prächtigen Gerbera auf dem Blumengroßmarkt Köln. Als Gärtner kannte er sich aus im Pflanzenschutz und konnte mir die Vorgehensweise Albert Lichtenbergs beschreiben. Meine eigenen Gerbera waren von Minierfliegen befallen, diese bekommt man gratis mit Jungpflanzen geliefert und seien nur mit giftigen Mitteln bekämpfbar. Nun probierte ich die Vorgehensweise Lichtenbergs, an drei Tagen hintereinander mit gerührtem Präp. Hornmist und jeweils um 20 Uhr gespritzt, und hatte Erfolg. Wie ich später nebenbei erfuhr, war Herr Lichtenberg des Öfteren in Dexbach und hat sich dort seine Anregungen geholt.

So machte ich es auch. Wir vernebelten unter Glas oder spritzten im Freiland nach Maria Thun Schafgarben-, Kamillen-, Brennnessel- usw. Tees, bereiteten damit das Milieu für die Nützlinge vor.

Gleichzeitig stellte ich die Präparate selber her, konnte die Portionen bei der Anwendung erhöhen und erreichte einen großen Fortschritt im Pflanzenschutz. Zu dieser Zeit setzten wir nur noch Pirimor ein, ein bienenungefährliches Pyrethroid, gegenüber dem bienengefährlichen Pyrethrum- Pteris- Präparat, das noch heute durch die Richtlinien zugelassen ist. Inzwischen wurde auch ersteres überflüssig und durch mehr Präparate-Anwendung ersetzt. In den Glashäusern hatten wir einen Fruchtwechsel mit Stangenbohnen, Salat, Tomaten, Rettich und Feldsalat eingeführt, verbunden mit Nelken, Freesien, Chrysanthemen und frühen Sommerblumen (Anthirrhinum-Lathyrus-Levkoi). Die Bodenmüdigkeit wurde so unter Glas vermieden, Dämpfen nicht nötig.

In meinem Hausgarten (5 ar) habe ich Erdbeeren, Himbeeren, Brombeeren, Birnen, Zwetschgen, Kirschen und Apfel. Von letzteren der Sorte Topaz auf Typ 9 ernteten wir schöne große Früchte, deren Geschmack die Bioland-Apfel-Topaz aus Eppan/Bozen übertraf. Auch die Möhren, Roten Rüben, Salat, Kohlrabi, und Broccoli und besonders Kartoffeln Grata im 49. Anbaujahr haben deutlich einen anderen Geschmack, wie der wie früher als die Herren Franz Dreidax, Max Karl Schwarz, Dr. Hans Heinze und später Krafft von Heynitz uns in der Gärtnerei besuchten. Jetzt allerdings auf anderer Anbaufläche. Eine Geschmacksverbesserung der Produkte lässt sich nur erreichen, sofern eine gewisse Humosität des Bodens (über fünf %) vorhanden ist und alle Präparate regelmäßig und häufig zur Anwendung kommen. Wie beispielsweise die Kosmischen Rhythmen nicht beobachtet werden können auf den abgewirtschafteten Zuckerrübenböden der Wetterau.

Gärtnerische Gemüsebauern wurden vor einigen Jahren veranlasst eine eigene Viehhaltung einzurichten. Nach meiner Beobachtung ist für die Betroffenen viel zusätzliche Arbeit entstanden, die Humuszunahme jedoch mager ausgefallen. Zweifellos muss der Gärtner mit dem Landwirt zusammen arbeiten, doch sollte er sich die Zeit nehmen können für seine spezielle Aufgabe, nämlich die Bereitung von Humus zur Erlangung der Pflanzenqualität. Erdbereitung durch Kompost mit reichlich Präparaten. Wie oben erwähnt, ist mir die Qualität auf der Zunge wichtig. Diese kann kein anderer Bioverband erreichen und der Kunde ist überzeugt.

Blick ins Gewächshaus   Foto: Volz   Düsen der Ackersprtze   Foto: Volz

Fällzeiten für besondere Hölzer 2014

15.02. Esche, Fichte, Hasel, Kirsche, Tanne, Zeder
16.02. Erle, Lärche, Linde, Marone, Ulme
01.03. Apfel, Buche, Esche, Fichte, Hasel, Marone
13.03. Esche, Fichte, Hainbuche, Hasel
14.03. Eibe, Esche, Erle, Kiefer, Rosskastanie
26.03. Apfel, Marone
29.03. Birke, Birne, Robinie
03.04. Lärche, Linde, Tanne, Thuja, Ulme, Wacholder
18.04. Wallnuss, Weide
29.04. Lärche, Linde
04.05. Esche, Fichte, Tanne, Zeder   Sehr günstig !!!
12.05. Erle, Eibe, Eiche, Kirsche, Lärche, Linde
31.05. Esche, Fichte, Marone, Tanne, Zeder
29.06. Tanne, Zeder
19.07. Erle, Lärche, Linde, Ulme
24.07. Birne, Birke
25.07. Erle, Lärche, Linde, Ulme
01.08. Birne, Birke, Kiefer, Lärche
07.08. Marone
08.08. Lärche, Linde
21.08. Lärche, Linde
25.08. Birke, Birne, Lärche, Linde, Robinie, Weide
03.09. Tanne   Sehr günstig !!!
14.09. Weide   Sehr günstig !!!
25.09. Apfel, Marone
08.10. Apfel, Kirsche, Marone
14.10. Fichte, Hasel, Marone, Zeder
27.10. Birke, Birne, Robinie
28.10. Esche, Fichte, Hasel, Tanne, Zeder
06.12. Erle, Lärche, Linde, Ulme
12.12. Apfel, Lärche, Linde, Marone
14.12. Apfel, Birne, Esche, Fichte, Hasel, Marone   Sehr günstig !!!

Für Bäume, die nicht genannt sind, eignen sich im November und Dezember die Blüten-tage, die in der Pflanzzeit liegen.

Literaturhinweise:
(1) Geisteswissenschaftliche Grundlagen zum Gedeihen der Landwirtschaft, Rudolf Steiner
GA 327 (Landwirtschaftlicher Kurs)
(2) Über die Bienen, Rudolf Steiner GA 351
(3) Die Biene - Haltung und Pflege, Matthias K. Thun
(4) Unkraut-und Schädlingsregulierung, Maria Thun®
(5) Hinweise aus der Konstellationsforschung, Maria Thun®
(6) Kosmologische und Evolutionsaspekte zum «Landwirtschaftlichen Kurs»
Rudolf Steiners, Maria Thun®
(7) Die Sendung Michaels, Rudolf Steiner, 1919, GA 194
(8) Die biologisch-dynamischen Präparate, Maria Thun®, in Vorbereitung

Als Grundlagen der astronomischen Berechnungen dienten allgemein zugängliche
Ephemeriden und eigene Erfahrungen aus der Versuchsarbeit.

Literaturempfehlungen:
1.) Geisteswissenschaftliche Grundlagen zum Gedeihen der Landwirtschaft, Rudolf
Steiner (Die Grundlagen der biologisch-dynamischen Wirtschaftsweise, GA 327)
2.) Rhythmen der Sterne, Schulz-Vetter, Verlag am Goetheanum, CH-4143 Dornach
3.) Planetenkarte, Institut für Strömungswissenschaften, D-79737 Herrischried
4.) Flensburger Hefte Verlag, Über Naturgeister ... Prospekt anfordern: D-24937 Flensburg
Fon (0461) 26363, Fax (0461) 26912
5.) Gartenrundbrief, biologisch-dynamisch, Dipl. Ing. Iris Mühlberger, Fax (07958) 926393
www.gartenrundbrief.de, redaktion@gartenrundbrief.de

Bezugsquellen: Das Fladenpräparat nach Maria Thun®:
Wedig v. Bonin, Hof Eichwerder, D-23730 Schashagen, Fon (04561) 9910 / Fax 9960

Die biologisch-dynamischen Spritz- und Kompostpräparate:
CvW KG bio. dyn. Präparatezentrale Co. v. Wistinghausen, Brunnenhof Mäusdorf,
Hohe Strasse 25, D-74653 Künzelsau, Fon (07940) 2230, Fax (07940) 4911
Rührfässer für die bio. dyn. Präparate: Arnim von Wistinghausen, D-88690 Mühlhofen,
Tel: (07556) 932948, Fax: (07556) 932948, www.ruehrfaesser.de

Die auf den Seiten 64 und 65 angekündigten Schriften können auch direkt bezogen wer-
den von dem:
Aussaattage-Verlag Thun & Schmidt-Rüdt GbR, Rainfeldstrasse 16, D-35216 Biedenkopf,
Fax (06461) 4714, e-mail thunverlag@aussaattage.de, ebenso das Abonnement der
Aussaattage und Farbreproduktionen der Malereien von Walter Thun.
Bitte fordern sie kostenlos Prospekte an.

Im „Aussaattage-Verlag Thun & Schmidt-Rüdt GbR" sind erschienen:

1. **„Hinweise aus der Konstellationsforschung** für Bauern, Weinbauern, Gärtner und Kleingärtner" Grundlagenwerk zum Verständnis der Sternenwelt. Die Wirkung kosmischer Konstellationen bei dem Düngeranfall der Tiere, bei Mistrottevergleichen, bei Aussaat-, Hack- und Erntevergleichen und der Weiterverarbeitung zum Nahrungsmittel, bei der Herstellung von Fladenpräparat, Hornmist und Hornkiesel. Detailempfehlungen für den Wein-, den Getreide-, und Gemüsebau, Anbau und Pflege von Kartoffeln, Ölfrüchten, Blütenpflanzen und Gewürzkräutern. Die Pflege der Wiesen und Weiden. Zum Studium der kosmischen Rhythmen geeignet wie auch ihrer Auswirkung auf die Witterung und verschiedene Lebensgebiete.

Maria Thun®

8. wesentlich erweiterte Auflage, 210 Seiten
ISBN 978-3-928636-09-4

2. **„Unkraut- und Schädlingsregulierung** aus der Sicht der Konstellations- und Potenzforschung" Ergebnisse langjähriger Unkrautversuche und daraus resultierende Empfehlungen für die Praxis. Beobachtungen und Erfahrungen mit tierischen Schädlingen sowie Methoden zu ihrer Regulierung. Das Naturreich der Pilze, ihre Pflege und zuweilen notwendige Bekämpfung.

Maria Thun®

Erscheint nach Neuauflage
ISBN 978-3-928636-42-1

3. **„Milch und Milchverarbeitung"** aus der Sicht der Konstellationsforschung. Fünfjährige Milchverarbeitungsvergleiche mit der Milch von Bergziegen, Konstellationsempfehlungen und Rezepte für die Herstellung von Butter, verschiedensten Käsesorten und Joghurt. Der Umgang mit Milch und Molke. Neuere Vergleiche mit Milch von Milchschafen. Die Beziehung zu anderen Lebensbereichen.

Maria Thun®

2. erweiterte Auflage, 64 Seiten
ISBN 978-3-928636-00-1

4. **„Das Bild der Sterne im Wandel der Zeit"** unter besonderer Berücksichtigung seltener Konstellationen von 1991 bis 1998. Zum besseren Verständnis des Hintergrundwirkens kosmischer Rhythmen und Konstellationen und ihrer Auswirkungen auf verschiedene Lebensbereiche auf der Erde.

Maria Thun®

Erscheint nach Neuauflage
ISBN 978-3-928636-39-1

5. **„Die Biene - Haltung und Pflege"** aus der Sicht der Konstellationsforschung. Abwicklung aller Tätigkeiten am Bienenvolk. Berücksichtigung von Beutenart und Material. Die Strohbeute und ihre Herstellung. Verjüngungsmöglichkeiten der Völker. Unterstützung des Bienenlebens und der Bienentätigkeit durch Berücksichtigung kosmischer Rhythmen. Regulierung von Krankheiten auf biologischer Basis.

Matthias K. Thun

5. überarbeitete Auflage, 304 Seiten
ISBN 978-3-928636-17-9

6. **„Der Wanderer"** Kunstband mit Bildern von Walter Thun und Erzählungen von Maria Thun

Maria Thun®

48 Seiten
ISBN 978-3-928636-12-4